Horst Schmidt-Böcking

OTTO STERN

www.frankfurt-academic-press.de
Donnersbergstraße 36
D – 60528 Frankfurt am Main
Telefon +49 69 9435 9000
Mail: info@frankfurt-academic-press.de
Handelsregister Frankfurt HRB 92575

Reihen-Gestaltung: Urs van der Leyn, Basel

Satz: Dagmar Mangold, Bad Soden
Verlagsassistenz: Mara Tobin, Frankfurt am Main

ISBN 978 3 86638 433 0

Horst SCHMIDT-BÖCKING & Karin REICH

Die Biograpahie von Otto Stern

OTTO STERN

Physiker, Denker, Nobelpreisträger

FRANKFURT ACADEMIC PRESS

Inhaltsverzeichnis

Bild 1
Otto Stern, geb. 17. Februar 1888 in Sohrau/ OS, gest. 17. August 1969 in Berkeley/CA, Nobelpreis für Physik 1943 (1)

I. Einführung

Zu keiner Zeit zuvor in der Menschheitsgeschichte haben die Menschen so viel neues Wissen erworben, wie im 20. Jahrhundert. Nach den großen technologischen Erfindungen wie der Buchdruckerkunst (15. Jahrhundert), der Dampfmaschine (18. Jahrhundert), des Elektro- oder Benzinmotors (19. Jahrhundert), waren es die Physiker und Chemiker, die das Leben der Menschen im 20. Jahrhundert grundlegend verändert haben. Nicht von ungefähr wird das 20. Jahrhundert als das Jahrhundert der Physik bezeichnet. Zum ersten Mal konnte der Mensch die Welt der Atome für sich erschließen und diese für sich nutzbar machen. Röntgen entdeckte 1895 die Röntgenstrahlung und es gelang ihm damit, das Innere des menschlichen Körpers sichtbar zu machen, ohne diesen dabei zu verletzen. Die Entdeckung der Röntgenstrahlung zusammen mit Max Plancks Ableitung der Wärmestrahlungsgesetze gelten allgemein als Beginn des Zeitalters der Quantenphysik.

Die neue Quantenphysik hat den Menschen viel gebracht. Was wären wir heute ohne Laser, Atomuhr, Kernspintomographie, Computer basierend auf den Erfindungen der Festkörperphysik, ohne weltweiten Informationsaustausch über Satelliten und Lichtfaserleitungen durch digitale Lichtpulse, Internet etc.. Die aus der atomphysikalischen Forschung kommenden Errungenschaften sind so tiefgreifend und auch nachhaltig, dass sie das Leben des Einzelnen und auch der Gesellschaft weitgehend verändert haben. Da nur wenige Menschen diese neuen Technologien aber wirklich verstehen, wird die dazu notwendige Forschung in der Öffentlichkeit kaum wahrgenommen. Wir haben uns an alle diese Errungenschaften gewöhnt, dabei aber weitgehend vergessen, wer die großen Wissenschaftler waren, die durch ihre Kreativität und ihren Forscherdrang zu diesem Fortschritt beigetragen haben und wem wir diese technologischen Entwicklungen zu verdanken haben.

Einer dieser großen Forscher und Denker war Otto Stern, der von 1914 bis 1922 an der Universität Frankfurt gewirkt hat. Seine die Welt verändernde Forschung hat er von 1919 bis 1922 in Frankfurt und von 1923 bis 1933 in Hamburg durchgeführt. Für zwei seiner Pionierarbeiten wurde ihm 1943 der Nobelpreis für Physik („for his contribution to the development of the molecular ray method and his discovery of the magnetic moment of the proton") verliehen. Die ersten Grundlagen der Molekularstrahlmethode hat er in Frankfurt entwickelt und das magnetische Moment des Protons hat er in Hamburg gemessen. Otto Stern ist der einzige Nobelpreisträger, der einen wichtigen Teil seiner Nobelpreisarbeit an der Universität Frankfurt durchgeführt hat.

In der Öffentlichkeit werden die Entstehung der Quantenphysik meist mit Namen wie Planck, Einstein, Bohr, Heisenberg, Dirac, Born, etc. in Zusammenhang gebracht. Otto Stern in diesem Zusammenhang zu nennen, ruft bei vielen Lesern Erstaunen hervor. Welcher Nichtphysiker kennt schon Otto Stern und weiß um seine Beiträge zur Entwicklung der Quantenphysik. Um seine große Bedeutung für den Fortschritt der Naturwissenschaften zu belegen und um ihn als „Gigant" der Physik richtig einordnen zu können, kann man die Archive der Nobelstiftung [2] bemühen und nachschauen, welche Physiker von den Physikern selbst am häufigsten für den Nobelpreis vorgeschlagen wurden. Es ist von 1901 bis 1950 Otto Stern, der 81 Nominierungen erhielt, 7 mehr als Max Planck und 15 mehr als Einstein.

Otto Stern entwickelte 1919 in Frankfurt eine Meßmethode, mit der man erstmals „einzelne Atome in die Hand" nehmen konnte, um an ihnen Quanteneigenschaften zu vermessen. Otto Stern hatte mit dieser Messmethode, der sogenannten Molekularstrahl-Methode MSM, ein Messverfahren geschaffen, mit dem erstmals innere Eigenschaften der einzelnen, winzig kleinen Atome und Moleküle mit hoher Genauigkeit gemessen werden konnten. Dieser technologische Fortschritt bedeutet für die Erforschung und Nutzbarmachung der Quantenwelt ein Meilenstein vergleichbar mit der Erfindung Johannes Gutenbergs, als er das Buchdrucken durch Verwendung von einzelnen beweglichen Lettern revolutionierte.

In diesem Einführungskapitel sollen diese Meilensteine und deren Bedeutung kurz erwähnt werden, um das Interesse des Lesers an den nachfolgenden Kapiteln zu wecken, in denen dann die großen wissenschaftlichen Leistungen Sterns im Einzelnen beschrieben werden. Mit der MSM gelang Stern 1922 in Frankfurt zusammen mit Walther Gerlach das sogenannte Stern-Gerlach-Experiment, das der eigentliche experimentelle Einstieg in die bis heute so schwer verständliche Quantenwelt darstellt. Hierbei wurde erstmals experimentell bestätigt, dass es in der Quantenwelt eine bis heute unverstandene und letztlich nicht erklärbare Fernwechselwirkung gibt, die dem „gesunden Menschenverstand" entschieden widerspricht. Otto Sterns MSM wurde der äußerst erfolgreiche Ausgangspunkt für viele weitere Pionierarbeiten in der Physik und der Chemie. Viele spätere Nobelpreisleistungen wären ohne Otto Sterns MSM nicht möglich gewesen, darunter die Methode der Kernspintomographie, die Entwicklung von Maser, Laser, Atomuhr etc.. Man kann ohne Übertreibung sagen, dass das kleine Labor im damaligen theoretischen Institut der Universität Frankfurt mit seinem Direktor Max Born und mit seiner mechanischen Werkstatt in der jetzigen Robert-Mayer-Str. 4 in Bockenheim durch die genialen Arbeiten des „Querdenkers" Otto Stern zu den wichtigsten Geburtsstätten der modernen Quantenphysik gehört.

Damals war die Physik in Frankfurt durch glückliche Berufungen eines Max von Laue, eines Max Born und deren Mitarbeiter Otto Stern, Walther Gerlach und Alfred Landè ein Zentrum der Physik von großer internationaler Bedeutung. In Frankfurt wirkten 1920 die Physiker, die eine zentrale Rolle für die Entwicklung der Quantenphysik spielen sollten: Max Born, der Vater der „Göttinger Schule" mit den späteren Mitarbeitern Werner Heisenberg, Wolfgang Pauli, Pascal Jordan, sowie eben Otto Stern, der ab 1923 in Hamburg mit Isidor Rabi, Emilio Segrè, und Otto Frisch eine der erfolgreichsten Forschungsstätten für experimentelle Atom- und Kernphysik aufbaute. Hätte Frankfurt 1921, als Max Born den Ruf nach Göttingen erhielt, bei den Bleibeverhandlungen Borns wichtigste Forderung, Otto Stern eine etatmäßige Professur zu geben, erfüllt, Born und Stern wären weiter in Frankfurt geblieben. Richard Wachsmuth, Professor für Experimentalphysik und der erste, sehr einflussreiche Rektor der Frankfurter Universität wollte Stern offenbar nicht haben (3+4). Wie Max Born in einem Brief an seinen Freund Albert Einstein schrieb, soll Richard Wachsmuth über Stern gesagt haben: *„Stern hat einen entsetzlichen jüdischen Intellekt"*. Damit hatten Born und Stern in Frankfurt keine Zukunft.

Obwohl Otto Stern seiner Ausbildung nach ein theoretischer Chemiker war, wandte er sich nach dem 1. Weltkrieg mehr und mehr der Experimentalphysik zu. Hier entwickelte er geniale Ideen, um das für die damalige Zeit „Unmögliche" zu messen. Immer, wenn die Wissenschaft überzeugt war, sie weiss durch theoretische Überlegungen, wie die Natur aufgebaut ist, dann wollte Stern durch sein Experiment dies erst recht überprüfen. Denn nur die Messung, egal wie sie ausfällt, hat in der Naturwissenschaft das „letzte Wort". Seine Experimente gaben unerwartete Antworten, die die Wissenschaft veränderten und ihr neue Richtungen gaben. So ist er einer der bedeutendsten Wegbereiter der modernen Quantenphysik geworden. Ähnlich wie sein Lehrer und Freund Albert Einstein hatte er bis ins hohe Alter trotzdem große Schwierigkeiten, die neue Quantenphysik zu akzeptieren.

Bild 2 Otto Sterns Eltern: Oscar Stern (*1850-†1919) und Eugenie geb. Rosenthal (*1863-†1907) (1)

II. Jugend und Studium

Am 17. Februar 1888 wurde Otto Stern als ältestes Kind der Eheleute Oskar Stern (1850-1919) und Eugenie geb. Rosenthal (1863-1907) in Sohrau/Oberschlesien geboren. Otto Stern hatte vier Geschwister, einen Bruder und drei Schwestern (Abb. 4 + 5) [1]. Sein Vater war ein reicher Mühlenbesitzer. Dieser zog Anfang 1892 mit seiner Familie nach Breslau.

Otto Stern berichtet in seinem handgeschriebenen Lebenslauf [3] (Abb.8), dass er ab 1894 das humanistische Johannes-Gymnasium zu Breslau besuchte und dort Ostern 1906 seine Reifeprüfung ablegte. Wie er 1961 in einem Interview in Zürich [5] erzählte, hatte er schon während der Schulzeit zu Hause chemische und physikalische Experimente durchgeführt. Trotz kleiner Unfälle haben seine Eltern ihn bei diesem Experimentieren sehr unterstützt, obwohl beide nicht naturwissenschaftlich interessiert waren. Z.B. hat er auf dem elterlichen Wohnzimmertisch rohe Eisenspäne in Salzsäure geworfen, was zu einer Explosion über der Tischdecke führte. Mit seinem Vetter zusammen wollte er später aus Zinnspänen und Salzsäure Wasserstoffgas herstellen, was ebenfalls in einer Explosion endete. Im humanistischen Johannes-Gymnasium gab es, wie damals üblich, wenig naturwissenschaftlichen Unterricht, nur der Mathematiklehrer ritt gerne sein Steckenpferd und sprach häufig über Optik und Linsen. Dadurch wurde mir, wie Otto Stern sagt, Optik vermiest.

Bild 3 Otto Stern ca. 1891 (1)

Im Abiturzeugnis (1+6) erhielt er für Betragen und Fleiß die Note „gut". Zuvor war er hier nur mit „genügend“ bewertet worden. Von der mündlichen Prüfung wurde er befreit. In Fächern wie Deutsch, Latein und Französisch wurden ihm „genügende“ Leistungen bescheinigt, nur in Griechisch erhielt er ein „gut“. Seine Leistungen in Geschichte und Erdkunde wurden ohne Einschränkung mit „gut“ beurteilt. Im Turnen hingegen gab es ein klares „mangelhaft“. In Mathematik wurde ihm nicht nur gute Teilnahme am Unericht, sondern auch eine schnelle Lösungsfertigkeit bei schwierigen Problemaufgaben zuerkannt. Es gab ein „gut“ in Mathematik. Die Prüfungskommission hatte aus einem königlichen Kommissar, dem Vertreter des Kuratoriums und fünf Oberlehrern bestanden. Zwei Mitglieder dieser Kommission hatten den Professorentitel und vier den Doktortitel.

Nach dem Abitur studierte Otto Stern zwölf Semester Physikalische Chemie, zuerst je ein Semester in Freiburg im Breisgau und München, dann zehn Semester in Breslau. Am 6. März 1908 bestand er in Breslau sein Verbandsexamen und am 6. März 1912 absolvierte er das Rigorosum und wurde am 13. April 1912 mit einem Vortrag über „Neuere Anschauungen über die Affinität“ zum Doktor promoviert. Vorlesungen hatte Otto Stern u.a. in Breslau bei Richard Abegg gehört. Abegg hatte die Elektronenaffinität und Valenzregel eingeführt. In München besuch-

Bild 4 v. r. Otto Stern mit Bruder Kurt (*1892-†1938) und Schwester Berta (*1889-†1963) ca. 1895 (1)

te er Vorlesungen bei dem Chemiker Adolph von Baeyer, der 1905 den Nobelpreis in Chemie erhalten hatte, und bei dem Physiker Leo Graetz, den Erfinder der Graetz-Schaltung sowie in Freiburg bei dem Chemiker Conrad Willgerodt. In Breslau waren Walter Herz in Chemie, Richard Hönigswald in Physik (Schwarzer Strahler), in Mathematik Jacob Rosanes, in klassischer theoretischer Physik Clemens Schaefer und in Chemie der junge Otto Sackur seine Lehrer. In einigen Biographien über Otto Stern wird Arnold Sommerfeld als einer seiner Lehrer genannt. Otto Stern listet in seiner Dissertation [3] alle seine Lehrer auf ohne Arnold Sommerfeld aufzuführen. Im Interview mit Thomas S. Kuhn 1962 erwähnt Otto Stern jedoch, dass er während seines Münchner Semesters in Sommerfelds Vorlesungen saß, jedoch nichts verstanden habe [7].

Für Otto Stern hatte von Anfang an festgestanden, dass er seine Doktorarbeit in physikalischer Chemie durchführen würde, damals in Breslau u.a. von Otto Sackur vertreten, der auf dem Grenzgebiet von Thermodynamik und Molekulartheorie arbeitete. Der eigentliche „Institutschef" war Eduard Buchner, der 1907 den Nobelpreis für Chemie für die Erklärung des Hefeprozesses erhalten hatte. Otto Stern beschreibt ihn 1961 *„als furchtbaren Lehrer, der wohl den Nobelpreis zu Recht erhalten hat und trotzdem ein Idiot ersten Ranges war"* [5]. Da Buchner 1911 nach Würzburg wechselte, wurde Otto Stern von Heinrich Biltz promoviert. Seine Dissertation widmete er den Eltern.

Bild 5 v.r.: die Schwestern Berta und Lotte (*1897-†1912), Mutter Eugenie, Schwester Elise (*1899-†1945), Otto und Bruder Kurt (1)

Otto Sterns eigentlicher Doktorvater in Breslau war der Privatdozent und a.o. Professor Otto Sackur. In seiner Dissertation über den osmotischen Druck des Kohlendioxyds in konzentrierten Lösungen konnte Otto Stern sowohl seine theoretischen als auch experimentellen Fähigkeiten unter Beweis stellen, wie in seinen späteren Arbeiten, in denen er beide Talente in exzellenter Weise miteinander zu verbinden wusste. Mündlich wurde er von Lummer geprüft: *„es war normal, vor der Prüfung zu Lummer zu gehen, um das Fragengebiet abzusprechen. Das habe ich nicht getan, da ich mir meiner Sache sicher war. Dann kamen Fragen, auf die ich nicht vorbereitet war. Wie z.B.: wann fuhr das erste Dampfschiff den Hudson hinunter oder wann publizierte Helmholtz diese und jene Arbeit. Kontroversen gab es bei Fragen zur Relativitätstheorie und zur Bedeutung des Äthers. Lummer war über meine Antworten entsetzt. Ich aber war mir sicher, dass ich recht hatte*" [5].

Otto Sterns Doktorarbeit wurde 1912 in der Zeitschrift für Physikalische Chemie [8] veröffentlicht. Sie enthält einen theoretischen und einen längeren experimentellen Teil. Im theoretischen Teil konnte Stern mit Hilfe der van-der-Waalschen Gleichungen den osmotischen Druck an der Grenzfläche einer Flüssigkeit (semipermeable Wand) berechnen. Im experimentellen Teil beschreibt er detailliert seine selbst entworfenen und gebauten Apparaturen sowie seine sehr sorgfältig durchgeführten Messungen. Sackur und unabhängig von ihm Hugo Martin Tetrode hatten als erste die Entropie eines einatomigen idealen Gases auf der Basis der neuen Quantenphysik berechnet, in dem sie zeigten, dass die minimale „Phasenraumzelle" pro Zustand und Freiheitsgrad der Bewegung genau gleich der Planckschen Konstante ist. Die Größe der Entropie ist ein Maß für Ordnung oder Unordnung in physikalischen oder chemischen Systemen und die „Phasenraumzelle" definiert die Freiheitsgrade der Bewegung für die einzelnen Atome. Der Ursprung und Zusammenhang von Entropie mit der Quantenphysik hat Stern sein Leben lang beschäftigt. Otto Sackur hat damit Sterns Denken und Forschen tief geprägt. Otto Sackur kam am 17.12.1914 bei einer chemischen Explosion im Berliner Institut Fritz Habers ums Leben. Fritz Haber ist der Erfinder der Ammoniaksynthese (Haber-Bosch-Verfahren). 1919 erhielt er dafür den Nobelpreis für Chemie. 1912 wurde Haber zum Direktor des ersten Kaiser-Wilhelm-Instituts in Berlin-Dahlem ernannt. Er ist aber auch der Vater der Giftgaswaffen, die im Ersten Weltkrieg entwickelt wurden und zum Einsatz kamen.

III. Prag 1912

Nach der Promotion wechselte Otto Stern im Mai 1912 durch Vermittlung Fritz Habers zu Albert Einstein nach Prag. Sackur hatte ihm zugeredet, zu Einstein zu gehen, denn Stern selbst betrachtete es als eine *„große Frechheit"*, es als Chemiker zu wagen, als Mitarbeiter bei Einstein anzufangen. (Einstein wurde 1879 in Ulm geboren. 1921 wurde ihm für seine Arbeiten zum Photoeffekt der Nobelpreis für Physik verliehen. Er starb 1955 als amerikanischer Staatsbürger in Princeton/USA). Im Züricher Interview schildert Otto Stern seine erste Begegnung mit Einstein: *„Ich erwartete einen sehr gelehrten Herrn mit großem Bart zu treffen, fand jedoch niemand, der so aussah. Am Schreibtisch saß ein Mann ohne Krawatte, der aussah wie ein italienischer Straßenarbeiter. Das war Einstein, er war furchtbar nett. Am Nachmittag hatte er einen Anzug angezogen und war rasiert. Ich habe ihn kaum wiedererkannt."* [5]

Stern betrachtete es als großen Glücksfall, dass er Diskussionspartner von Einstein werden konnte, Einstein war nach Aussage Sterns völlig vereinsamt. An der Karls-Universität in Prag wurde Deutsch gesprochen und Einstein hatte sonst niemanden, mit dem er diskutieren konnte. Wie Stern sich erinnerte: *„Nolens volens nur mit mir, die Zeit mit Einstein war für mich entscheidend, um in die richtigen Probleme eingeführt zu werden."* [5]

Die Diskussionen zwischen Einstein und Stern handelten meist von prinzipiellen Problemen. Stern war wegen seiner Interessen an der physikalischen Chemie und speziell dem Phänomen der Entropie sehr an der Quantentheorie interessiert. Die statistische Molekulartheorie Boltzmanns spielte folglich für Stern eine große Rolle.

Ludwig Boltzmann wurde 1844 in Wien geboren. Er war ein früher Verfechter des atomistischen Aufbaus der Natur. Seine theoretischen Arbeiten zur atomistischen Deutung der Thermodynamik wurden wichtige Grundlagen der modernen Quantenphysik. Die große Bedeutung seiner Arbeiten für die moderne Physik und Chemie wurde jedoch erst nach seinem Tode 1906 (Selbstmord nahe Triest) erkannt.

Bei den Arbeiten über Entropie konnte Einstein allerdings Stern wenig helfen. Wie Stern in diesem Interview schilderte, hatte Einstein große Schwierigkeiten mit der Quantenmechanik. Er habe sich oft über das radioaktive Zerfallsgesetz den Kopf zerbrochen: Für Einstein erschien das Problem ähnlich einem Bleistift, der auf dem Kopf steht und der dann durch irgendeine zufällige Abweichung umfällt. Ein weiteres Problem, das Einstein häufig beschäftigte, war die Frage: warum sollte man ein Quant nicht zerhacken können? Stern seinerseits erinnert sich, dass er in diesen Gesprächen Einstein wenig helfen konnte. Dass er jedoch bei Einstein die Probleme der Quantenmechanik hatte kennen lernen dürfen, war für Stern, wie er selbst sagte: *„ein Glücksfall“*.[5] Wie Stern angab, habe Einstein schon damals über die Wahrscheinlichkeitsgesetze der Strahlungsemission nachgedacht und an der Kausalität der Quantenwelt nicht gezweifelt. Im Züricher Interview teilt Stern noch mit: *„Jeden Tag haben wir am Wenzelsplatz gesessen. Die „Wiener Küche aus Prag“ ist mir in bleibender Erinnerung geblieben. Nie mehr im Leben habe ich so gut gegessen.“* [5]

Bild 6
Otto Stern und Albert Einstein (ca. 1925) (1)

IV. Zürich (1912-1914)

Als Albert Einstein im Oktober 1912 einen Ruf nach Zürich erhielt und zurück an die Universität Zürich ging, folgte Otto Stern ihm. Einstein stellte ihn als wissenschaftlichen Mitarbeiter an, so dass er am 29.10.1912 [9] die Universität Zürich um Rückerstattung seiner schon eingezahlten Studiengelder bat. Drei Semester blieben Einstein und Stern in Zürich. Otto Stern arbeitete überwiegend in der experimentellen Physik. Wenn ihm die Arbeit zu viel wurde und er Ärger hatte, besuchte er Einstein mit der Ausrede, dass er rauchen wolle. Umgekehrt hat Einstein auch Stern oft besucht. Die Zeit in Zürich war für Stern eine ebenso schöne wie fruchtbare Zeit. Er hat auch hier viel mit Einstein diskutiert. Stern bezeichnete sich als der Rechensklave von Einstein. Aus dieser Zeit gibt es eine gemeinsame Veröffentlichung über die Nullpunktsenergie mit dem Titel: *Einige Argumente für die Annahme einer molekularen Agitation beim absoluten Nullpunkt*. Die Frage der „Nullpunktsenergie" hatte damals die Wissenschaftler sehr beschäftigt. Klassisch gesehen ist die Temperatur eines Körpers oder die in ihm vorhandene Wärme nichts anderes als die Bewegungsenergie der Atome oder Moleküle. Wenn ein Körper kälter wird, wird die Bewegung der Atome oder Moleküle langsamer und erstarrt bei einer Temperatur von -273,15° Celcius. Diese Temperatur wird als Temperaturnullpunkt bezeichnet. Die neue Quantenphysik behauptete aber, dass auch am absoluten Nullpunkt der Temperatur noch eine Zitterbewegung verbleibt, die die „Nullpunktsenergie" liefert. Im Wettstreit zwischen klassischen oder neuen quantenphysikalischen Theorien war eine Bestätigung für die Existenz einer Nullpunktsenergie von großer Bedeutung.

Die Arbeit wurde 1913 in den Annalen der Physik publiziert [10]. Darin wird die spezifische Wärme in Abhängigkeit zur absoluten Temperatur berechnet. Als Ausgangspunkt für die Energie und Besetzungswahrscheinlichkeit eines einzelnen Resonators wird die Plancksche Strahlungsformel benutzt, einmal ohne und zum andern mit Annahme einer Nullpunktsenergie. Wenn die Temperatur gegen Null geht, unterscheiden sich beide Kurven deutlich. Durch Vergleich mit Messdaten für Wasserstoff konnten Einstein und Stern zeigen, dass die Kurve mit Berücksichtigung einer Nullpunktsenergie sehr gut, ohne Nullpunktsenergieterm jedoch sehr schlecht mit den Daten übereinstimmt. Kennzeichnend für Einsteins und Sterns Art des Denkens ist noch eine Fußnote, die sie der Publikation hinzugefügt haben. Ihre „querdenkende" Arbeitsweise zeigt sich hier deutlich: *Es braucht kaum betont zu werden, dass diese Art des Vorgehens sich nur durch unsere Unkenntnis der tatsächlichen Resonatorgesetze rechtfertigen lässt.* In Zürich begegnete er zum ersten Male Max von Laue und es begann zwischen beiden eine lebenslange Freundschaft, die für Sterns berufliche Zukunft wichtig werden sollte. Am 26. Juni 1913 stellte Otto Stern in Zürich einen Antrag auf Habilitation im Fach Physikalische Chemie [9]. Seine nur 8-seitige Habilitationsschrift hat den Titel [3]: *„Zur kinetischen Theorie des Dampfdruckes einatomiger fester Stoffe und über die Entropiekonstante einatomiger Gase*". Wie Stern darin ausführte, konnte man damals wohl die relative Temperaturabhängigkeit des Dampfdruckes mit Hilfe der klassischen Thermodynamik berechnen, jedoch nicht deren Absolutwerte speziell bei niedrigen Temperaturen. Erst die neue Quantentheorie gestattete, die absoluten Entropiekonstanten und damit das Verdampfungs- und Kondensationsgleichgewicht zu berechnen. Stern beschrieb noch einen zweiten Weg, um die absoluten Werte des Dampfdruckes zu erhalten, in dem man für hohe Temperaturen die klassische Molekularkinetik nach Boltzmann anwendet. Gutachter seiner Arbeit waren die Professoren Einstein, Weiss und Baur. Am 22. Juli 1913 stimmte der „Schulrat" dem Habilitationsantrag zu und bat Stern, seine Antrittsvorlesung zu halten. Stern wurde dann der Titel „Privatdozent" verliehen und er erhielt die „Venia legendi". Im WS 1913/14 hielt Otto Stern eine einstündige Vorlesung über das Thema: *„Theorie des chemischen Gleichgewichts unter besonderer Berücksichtigung der Quantentheorie*". Im SS hielt er dann eine zweistündige Vorlesung über Molekulartheorie [9].

Das Jahr 1913 hatte für die Quantenphysik große Bedeutung. Der Neuseeländer Ernest Rutherford hatte in Cambridge Alphastrahlen in einer dünnen Goldfolie gestreut und herausgefunden, dass die Intensität der gestreuten Strahlen mit der vierten Potenz des Sinus vom Ablenkwinkel abnimmt. Daraus konnte Rutherford ableiten, dass Atome an sich leer sind und innen einen sehr kleinen, elektrisch positiv geladenen Kern besitzen. Aufbauend auf dieser Erkenntnis wagte es der Däne Niels Bohr, ein Atommodell vorzuschlagen, in dem die leichten, negativ geladenen Elektronen den Kern auf diskreten Bahnen wie Planeten um die Sonne umkreisen. Bohr konnte damit erstmals die Photonenenergien der Balmer-Serie überzeugend erklären. Das Problem dabei war, dass er Postulate aufstellen musste, die den Vorstellungen der klassischen Physik total widersprachen. Das Bohrsche Atommodell wurde natürlich überall diskutiert. Wie Otto Stern berichtete, konnte Albert Einstein ihm jedoch einiges abgewinnen: *„Einstein sagte, so was wie Bohr habe ich mir auch schon gedacht“* [5]. Otto Stern und sein Freund Max von Laue jedoch hatten sich mit diesem Modell überhaupt nicht anfreunden können. Stern gestand im Interview: *„Einstein war nicht so blöd wie wir“*. Er und Laue erklärten sich bereit, einen Schwur abzugeben. Sie nannten ihn den „Ütlischwur“, benannt nach den Züricher Ütliberg. Wenn dieser Unsinn stimmt, wollten sie mit der Physik aufhören. Zum Glück kam es nicht dazu: einmal weil sie bereit waren, dazu zu lernen und zum andern weil sich ca. zehn Jahre später zeigte, dass das Bohrsche Modell in der Tat nur ein Übergangsmodell war. Trotzdem: das Bohrsche Modell hat die Entwicklung der Quantenphysik entscheidend befruchtet und sollte zusammen mit Arnold Sommerfelds Ergänzungen später im experimentellen Schaffen von Otto Stern eine wichtige Rolle spielen.

Wie Stern [5] weiter ausführte, hatte er in dieser Zeit *„ganz herrliche Diskussionen mit Laue sowie auch Ehrenfest“*. Der vierte in diesem Bunde war Albert Einstein. Laue und Einstein kannten sich schon seit 1907, als Laue den damals noch wenig bekannten Einstein auf dem Patentamt in Bern besucht hatte. Laue hatte sich danach sehr für die Relativitätstheorie interessiert. Seit dieser Zeit hat Laue selbst zudem wichtige Beiträge zur Relativitätstheorie publiziert. Er war übrigens der einzige deutsche Wissenschaftler von Rang, der während der Nazizeit und danach zu Einstein und Stern enge freundschaftliche Beziehungen unterhielt.

Die Zeit von Otto Stern in Zürich war, was seine Arbeiten in der Physikalischen Chemie und Physik betrifft, wie er selbst sagt, nicht besonders erfolgreich [5]. Auf Einsteins Wunsch hatte er experimentell gearbeitet. Neben der gemeinsamen theoretischen Arbeit mit Einstein über die Nullpunktsenergie sowie seiner Habilitationsschrift hat Stern eine weitere Zeitschriftenpublikation in Zürich veröffentlicht. Zu dieser Arbeit hat ihn Ehrenfest angeregt. Diese theoretische Arbeit mit dem Titel *„Zur Theorie der Gasdissozation"* wurde im Februar 1914 eingereicht und im selben Jahr in den Annalen der Physik publiziert [11]. Darin wird die Reaktion zwischen zwei idealen Gasen betrachtet und die Entropie sowie die Gleichgewichtskonstante der Reaktion mit Hilfe von Thermodynamik und der Quantentheorie berechnet.

Da Stern während des Studiums nur wenig Gelegenheit hatte, theoretische Physik zu lernen, obwohl er sich darin ja habilitiert hatte, hat er in Prag und Zürich Einsteins Vorlesungen besucht. Im Züricher Interview urteilte er darüber: *„Einstein hat sich nie richtig auf die Vorlesungen vorbereitet. Einstein hat nur „herumgemurkst", aber doch interessant und raffiniert in sehr physikalischer Weise, so habe er bei Einstein das Querdenken gelernt.* Wie Stern sich erinnerte, sagte Einstein über sich selbst: *Kurz nachdem ich meinen Doktor gemacht hatte, dachte ich, in einer Theorie, in der mehr vorkommt als cosinus und sinus, dann ist die Theorie Unsinn.* Stern bemerkt dazu: *Bei Einstein habe ich so gelernt, auch mal Unsinn zu reden. Einstein hat mit Wonne registriert, wenn er einen Fehler gemacht hat. Einstein hat den Fehler eingestanden und bemerkt: was kann ich dafür, dass der liebe Gott es nicht so gemacht hat, wie ich es*

Bild 7
v.l.: Karl Ferdinand Herzfeld; Otto Stern; Albert Einstein; sowie 6. v.l. Paul Ehrenfest 1913 in Zürich

gedacht habe" [5].

Immanuel Estermann [12], einer von Sterns späteren engsten Mitarbeitern schreibt über Sterns Beziehung zu Albert Einstein: „*Der eigentliche Gewinn, den Stern aus der Zusammenarbeit mit Einstein zog, lag in der Einsicht, unterscheiden zu können, welche bedeutenden und weniger bedeutenden physikalischen Probleme gegenwärtig die Physik beschäftigen; welche Fragen zu stellen sind und welche Experimente ausgeführt werden müssen, um zu einer Antwort zu gelangen. So entstand aus einer relativ kurzen wissenschaftlichen Verbindung mit Einstein eine lebenslange Freundschaft, die die Basis für die großen Erfolge Sterns auf seinem Berufsweg legte, die schließlich ihren Höhepunkt in der Verleihung des Nobelpreises für Physik im Jahre 1943 fanden*". Obwohl Stern aber nur ca. ein Jahr bis Oktober 1914 in Zürich sein konnte, war es für ihn eine sehr glückliche und prägende Zeit gewesen. Anfang August 1914 nach Ausbruch des Ersten Weltkriegs ließ sich Otto Stern in Zürich zum WS 1914/15 beurlauben, um als Freiwilliger seinen Wehrdienst für Deutschland zu leisten. Einstein hatte schon am 1. April 1914 Zürich verlassen und war zum Direktor des Kaiser-Wilhelm-Instituts für Physik in Berlin ernannt worden. Später nach dem Zweiten Weltkrieg und nach seiner Emeritierung verbrachte Otto Stern fast jedes Jahr viele Monate in Zürich.

V. Frankfurt und Erster Weltkrieg

Otto Sterns Freund Max von Laue war am 14. August 1914 vom preußischen König zum Professor für Theoretische Physik an die neu gegründete königliche Stiftungsuniversität Frankfurt berufen worden [3]. Max von Laue wurde 1879 in Koblenz geboren. Für seinen Nachweis der Beugung von Röntgenstrahlen an Kristallen erhielt er 1914 den Nobelpreis für Physik. Er starb 1960 in Berlin. Die Familie Oppenheim hatte durch Vermittlung des Frankfurter Oberbürgermeisters Franz Adickes Laues Professur gestiftet. Wie Adickes berichtet, bedurfte es dazu nur einer Einladung zu einem gemeinsamen Abendessen mit den Oppenheims.

Stern nahm Laues Angebot an, bei ihm als Privatdozent für theoretische Physik anzufangen. Obwohl er schon am 10. November 1914 seine Umhabilitierung an die Universität Frankfurt beantragt hatte [2], ist Otto Stern formal erst Ende 1915 aus dem Dienst der Universität Zürich ausgeschieden. Otto Stern musste ein offizielles Habilitationsgesuch an die naturwissenschaftliche Fakultät der Universität Frankfurt richten mit einem handgeschriebenen Lebenslauf (Abb. 8) [3].

Sein Habilitationsgesuch lautete: *Hierdurch bitte ich, Otto Stern, bisher Privatdozent für physikalische Chemie an der Eidgenössischen technischen Hochschule in Zürich, um meine Zulassung als Privatdozent für theoretische Physik an der Universität Frankfurt am Main. Als Habilitationsschrift bitte ich meine Arbeit "Zur kinetischen Theorie des Dampfdruckes einatomiger fester Stoffe und über die Entropiekonstante in einatomigen Gasen" anzusehen. Hochachtungsvoll Ergebenst*

Dr. Otto Stern, z.Z. Berlin-Charlottenburg

In seinem Lebenslauf schrieb Stern: *Frankfurt, den 10.11.1914, Lebenslauf. Ich, Otto Stern, bin am 17. Februar 1888 als Sohn des Mühlenbesitzers Oskar Stern zu Sohrau O.S. geboren. Von Ostern 1894 ab besuchte ich das Johannesgymnasium zu Breslau, das ich Ostern 1906 mit dem Zeugnis der Reife verließ. Ich studierte in Freiburg i.B., Breslau und München zwölf Semester Chemie, speziell phy-*

sikalische Chemie. In Breslau bestand ich am 6. März 1908 das Verbandsexamen, am 6. März 1912 wurde ich zum Doktor promoviert. Von dieser Zeit ab arbeitete ich wissenschaftlich unter Anleitung von Herrn Professor A. Einstein zunächst ein Semester in Prag, dann in Zürich. Im August 1913 wurde ich in Zürich als Privatdozent für physikalische Chemie an der Eidgenössischen technischen Hochschule zugelassen, wo ich im Wintersemester 1913/14 und im Sommersemester 1914 Vorlesungen hielt. Meine eigenen wissenschaftlichen Arbeiten bewegen sich hauptsächlich auf dem Gebiete der Molekulartheorie und Quantentheorie. Ich veröffentlichte folgende Arbeiten:

1.Meine Promotionsschrift: „Zur kinetischen Theorie des osmotischen Druckes konzentrierter Lösungen und über die Gültigkeit des Henryschen Gesetzes für konzentrierte Lösungen von Kohlendioxyd in organischen Lösungsmitteln bei tiefen Temperaturen".

2.Gemeinsam mit Herrn A. Einstein: „Einige Argumente für die Annahme einer molekularen Agitation beim absoluten Nullpunkt".

3.„Zur kinetischen Theorie des Dampfdruckes einatomiger fester Stoffe und über die Entropiekonstante einatomiger Gase".

4. „Zur Theorie der Gasdissozation".

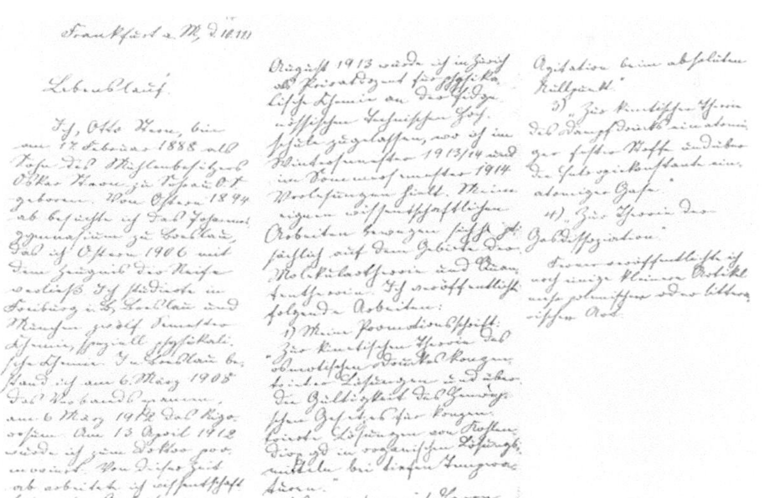

Bild 8 Lebenslauf Otto Sterns von 1914 (3)

Ferner veröffentlichte ich noch einige kleinere Artikel mehr polemischer oder literarischer Art.

Max von Laue wurde um ein Gutachten gebeten [3]. Darin befürwortete er nicht nur den Habilitationsantrag und die Verleihung der „Venia legendi", sondern bat, Stern auch alle Gebühren zu erlassen, da er ja bereits in Zürich Privatdozent gewesen sei. Da die Zeit drängte, denn Otto Stern war schon als Kriegsfreiwilliger [3] eingezogen, wurde im Umlauf über alle drei Teilanträge Laues in der Fakultät abgestimmt. – Laues Gutachten lautete:

Frankfurt, der 10.11.1914

Gutachten über das Habilitationsgesuch von Herrn Dr. O. Stern

Die von Stern als Habilitationsschrift bezeichnete Arbeit ist 1913 in der Physikalischen Z.-S. erschienen. Ihr Problem ist ein altes: Die Dampfspannungskurve des festen Körpers nach statistischen Grundsätzen zu berechnen. Die Boltzmann-Gibbs'sche Statistik liefert dafür im Boltzmann'schen Verteilungssatz zwar ein außerordentlich einfaches Rezept, das man aber erst dann anwenden kann, wenn man die Molekularmechanik des festen Körpers vollständig beherrscht; und dazu sind wir gegenwärtig nicht im Stande. Darum kam es darauf an, ein vereinfachtes Modell für einen festen Körper zu finden, welches trotz der Übersichtlichkeit Alles enthält, was am festen Körper für das vorliegende Problem von Belang ist. Da tat nun der Verfasser den guten Griff, das schon von Einstein benutzte Modell eines Systems von monochromatischen Resonatoren einzuführen, welche scheinbar unabhängig voneinander schwingen. d.h. er führt für jedes Atom eine Ruhelage ein, die eine quasielastische Kraft darauf ausübt, wenigstens solange der Abstand des Atoms von ihr innerhalb eines gewissen Wertes bleibt. Wird dieser überschritten, so wird das Atom vollkommen frei, es geht in den Dampf über. Unter diesen Annahmen ist der Boltzmannsche Verteilungssatz ohne Weiteres anwendbar und liefert die Dampfdruckkurve vollständig; d.h. so, dass auch alle Konstanten in ihr vollständig bestimmt sind. Die eine dieser Konstanten hat aber gerade in der neuesten Physik ihre große Bedeutung gewonnen; sie ist nämlich dasselbe wie die sogenannte „chemische Konstante" des Dampfes, auf welche man bei der thermodynamischen Behandlung des Verdampfungsproblems nach dem Nernst'schen Wärmetheorem geführt wird. Ihr Wert ist thermodynamisch nicht zu ermitteln. Stern kann nun durch einfachen Vergleich seiner statistisch gewonnenen mit der thermodynamisch abgeleiteten Formel diese Konstante auf das Atomgewicht und universelle Konstante zurückführen, so dass das Atomgewicht hier als die Eigenschaft der Substanz erscheint, welche ihr gesamtes thermodynamisch-chemisches

Bild 9
Max von Laue, mit dem Stern eine lebenslange enge Freundschaft verband (3)

Verhalten im gasförmigen Aggregationszustand beherrscht. Es ist bemerkenswert, dass durch Anwendung quantentheoretischer Methoden schon früher Sackur und Tetrode dieselbe Beziehung für die chemische Konstante abgeleitet und empirisch in gewissem Umfange bestätigt haben. Die Stern'sche Ableitung hat aber den großen Vorzug, daß sie die ja stets sehr unsicheren Methoden der heutigen Quantentheorie bei der Ableitung vermeidet und durch die in dem gewohnten Modell des festen Körpers enthaltene Hypothese ersetzt.

Ich beantrage, diese Schrift als Habilitationsschrift anzunehmen. Ferner beantrage ich, da Herr Stern schon in Zürich am Polytechnikum habilitiert ist, und da ich aus einer großen Reihe von Kolloquiumsvorträgen seine Lehrbefähigung und den Umfang seines Wissens kenne und dabei mit immer neuer Freude seinen ungewöhnlichen wissenschaftlichen Eifer bemerkt habe, ihm die sonst für die Habilitation vorgeschriebenen wissenschaftlichen Leistungen zu erlassen. Drittens schlage ich vorausgesetzt, dass mein Vorschlag einstimmig Annahme findet- ihm auch die pekuniäre Leistung zu erlassen. Ich kann als Beispiel für einen solchen Beschluß der Fakultät anführen, daß mir bei meiner Umhabilitation von Berlin nach München ebenfalls die pekuniären Leistungen erlassen wurden, und daß ich dies als eine Freundlichkeit empfand, die ich jetzt gern Herrn Stern erwiesen sehen möchte.

Ihr M. v. Laue

Laues Antrag wurde einstimmig angenommen. Mit Beschluss vom 10. November 1914 wurde Otto Stern der erste Privatdozent in der Physik an der Universität Frankfurt (vermutlich sogar der erste Privatdozent der Universität Frankfurt). Dies war eine sehr gute Entscheidung, denn damals wusste man noch nicht, dass sowohl der Antragsteller als auch der Habilitand einmal den Nobelpreis erhalten würden.

Bei Max von Laue sollte das sehr schnell erfolgen, nach der offiziellen Nobelpreisliste hat er schon 1914 den Nobelpreis für Physik erhalten. Da Krieg war, fiel diese Entscheidung jedoch erst im November 1915. Die Nobelmedaille an Laue wurde erst Jahre später in Stockholm überreicht. Laues Nobelmedaille hat übrigens ihre besondere Geschichte: Als Hitler den deutschen Wissenschaftlern verbat, Nobelpreise anzunehmen, brachte Laue zusammen mit James Franck seine Nobelmedaille zu Niels Bohr. Als die Wehrmacht 1940 Dänemark besetzte, löste Niels Bohr beide Medaillen in Königswasser, um sie der Beschlagnahme durch deutsche Truppen zu entziehen. Nach dem Zweiten Weltkrieg wurden die Medaillen aus dem gleichen Gold neu geprägt. Max von Laue hat dann seinem Sohn Theodor, der schon 1935 in die USA ausgewandert war, seine Medaille vermacht. Nach dem Tod von Theodor von Laue hat sie der Urenkel Christoph Matthaei nach Frankfurt zurückgebracht und der Goethe-Universität Frankfurt vermacht. Sie wird jetzt dort im Archiv aufbewahrt.

Stern nahm erst im SS 1915 seinen Dienst an der Universität Frankfurt auf. Am 21. April 1915 bat er um Beurlaubung, da er sich als Kriegsfreiwilliger gemeldet hatte.

Urlaubsgesuch

Da es mir in nächster Zeit wegen militärischer Dienstleistungen nicht möglich sein wird, meine Lehrtätigkeit auszuüben, bitte ich noch höflichst um Urlaub für das Sommersemester 1915.

Ergebenst Dr. Otto Stern, Privatdozent,

Z.Z. Kriegsfreiwilliger, Flieger-, Luftschiffhafen, Frankfurt, Wetterdienst

Sterns Kriegsdienst begann am 18.Dezember 1914 und endete am 26. November 1918.

Nach dem Vorlesungsverzeichnis [3] hat Otto Stern als Privatdozent trotz Kriegseinsatzes während des Krieges, da er heimatnah stationiert war, Vorlesungen gehalten: im SS 1915 eine zweistündige Vorlesung über Molekulartheorie, im WS 1915/16 zweistündig über Entropie und SS 1916 zweistündig über Einführung in die Quantentheorie. Bis Kriegsende WS 1918 hat er dann keine Vorlesungen mehr angekündigt, sondern erst ab dem Zwischensemester 1919, eingerichtet für heimkehrende Kriegsteilnehmer, eine zweistündige Vorlesung „Einführung in die Thermodynamik" gehalten.

In einem Schnellkurs in Berlin war Stern als Meteorologe ausgebildet worden. Zu Beginn des Krieges hatte er in Belgien als Unteroffizier einem Hauptmann zu helfen, ein physikalisches Labor in Belgien aufzubauen [5]. In Belgien gab es aber außer Luftpumpen keine physikalischen Apparaturen, die man dazu verwenden konnte. In seiner Not wollte der Hauptmann nun die im sehr bekannten Solvay-Institut in Brüssel vorhandenen Geräte abbauen, um seine Befehle zu erfüllen. Otto Stern wollte das verhindern und informierte Walther Nernst in Berlin. Nernst nutzte seine Beziehungen und zwei Wochen später kam der Hauptmann traurig zu Stern und teilte ihm mit, dass „Berlin" den Abbau von Apparaturen im Solvay-Institut untersagt habe.

Stern hat im Krieg öfters Berlin besuchen können, um u.a. mit Nernst daran zu arbeiten, wie dünnflüssige Öle dickflüssig gemacht werden könnten. Bei diesen Besuchen hat er regelmäßig Einstein sowie auch seinen Vater getroffen. Ab Ende 1915 tat Otto Stern Dienst auf der Feldwetterstation in Lomsha in Russisch Polen. Wie Stern im Züricher Interview erzählte: *„Da ich dort nicht voll ausgelastet war und um meinen Verstand aufrechtzuerhalten, habe ich mich nebenbei mit theoretischen Problemen der Entropie beschäftigt*". Dabei sind zwei beachtenswerte, sehr ausführliche Arbeiten entstanden: 1. „Die Entropie fester Lösungen" [13] (eingereicht im Januar 1916) und 2. „*Über eine* Methode zur Berechnung der Entropie von Systemen elastisch gekoppelter Massenpunkte" [14] (eingereicht im Juli 1916). In der zweiten Arbeit ist ein Gleichungssystem für n gekoppelte Massenpunkte zu lösen, das auf eine Determinante n-ten Grades zurückgeführt wird. In Erinnerung an den Entstehungsort dieser Arbeit hat Wolfgang Pauli diese Determinante immer als die Lomsha-Determinante bezeichnet.

Otto Stern hat wenig Briefe hinterlassen. Wie er eingestand, Briefeschreiben war nicht seine Sache gewesen. Doch während der Zeit in Lomsha hat Stern mit Einstein einige Briefe ausgetauscht, um physikalische Fragen zu diskutieren. Im Einsteinarchiv [4] und auch im Nachlass Otto Sterns (1+6) gibt es Postkarten (s. rechts) und Briefe aus dieser Zeit, die Einstein und Stern sich gegenseitig geschrieben haben. Stern hat darin mit Einstein über seine thermodynamischen Probleme diskutiert. Beide hatten jedoch unterschiedliche Ansichten zu den Problemen und Einstein schlug vor, die Diskussion zu beenden und dann lieber in Berlin fortzusetzen (siehe Abschrift von zwei Postkarten im Anhang A und B). Ob Einsteins Beiträge zu den beiden

Lomsha-Publikationen wichtig waren, ist nicht klar. Da jedoch Stern in beiden Veröffentlichungen seinem Freund Einstein keinen Dank ausspricht, kann Stern den Beitrag Einsteins nicht als besonders wichtig angesehen haben.

Postkarte

Herrn
Dr. O. Stern,
Feste Feldwetterstation
Lomsha
(Polen),

Merken genau erklärt. Theorie
sehr durchsichtig und schön.
Lorentz, Ehrenfest, Planck, Born
sind überzeugte Anhänger,
ebenso Hilbert.
Denken Sie über den Gegenstand nach;
Sie werden sicher zu der Überzeugung
kommen, dass er berechtigt ist.
Herzlichen Gruss
von Ihrem
A. Einstein.

Bild 10 Postkarte Einsteins an Stern (1)

VI. Im Nernstschen Institut in Berlin 1919

Viele Physiker und Physikochemiker wurden gegen Ende des Ersten Weltkrieges mit militärischen Aufgaben betraut, vorwiegend an der Berliner Universität im Labor von Walther Nernst. Der Physiker und Chemiker Nernst wurde 1864 in Westpreußen geboren, Für seine Arbeiten zur Thermochemie wurde ihm 1920 der Nobelpreis für Chemie verliehen. Er starb 1941 in der Oberlausitz. Im Nernstschen Labor arbeitete Otto Stern mit dem Physiker und späteren Nobelpreisträger James Franck (seine erste Stelle hatte James Franck übrigens 1906 beim Physikalischen Verein in Frankfurt angetreten) und Max Volmer zusammen, die beide ausgezeichnete Experimentalphysiker waren. James Franck wurde 1882 in Hamburg geboren. Für seine Arbeiten auf dem Gebiet der experimentellen Atomphysik (Franck-Hertz-Versuch) wurde ihm 1925 zusammen mit Gustav Hertz der Nobelpreis für Physik verliehen. 1933 emigrierte er in die USA und starb 1964 in Göttingen. Der Chemiker Max Volmer wurde 1885 in Hilden bei Düsseldorf geboren. Nach dem Krieg musste er in der Gruppe von Gustav Hertz am russischen Atomprojekt mitarbeiten. Er starb 1965 in Potsdam. Sterns Zusammenarbeit mit Franck und Volmer haben sicher dazu beigetragen, dass ab Anfang 1919 Otto Stern sich fast völlig experimentellen Problemen zuwandte. Volmers Arbeitsgebiet war die experimentelle Physikalische Chemie. Die Volmer-Hochvakuumpumpe trägt seinen Namen. Bei diesen Arbeiten wurden beide durch die promovierte Chemikerin Lotte Pusch unterstützt. Alle drei trafen sich häufig zum Meinungsaustausch in Berliner Cafés. So entwickelte sich zwischen allen dreien eine enge Freundschaft, die auch das Dritte Reich und die dadurch sich dramatisch veränderten Lebenssituationen überdauerten und ein Leben lang bestand. Otto Stern hat nach dem Zweiten Weltkrieg nur ein einziges Mal aus privaten Gründen Deutschland besucht, als er 1955 den kranken Max Volmer in Ostberlin aufsuchte. Wichtig in diesem Dreiecksverhältnis ist auch, dass sowohl Max Volmer als auch Otto Stern sich in Lotte Pusch verliebt hatten. Sehr zum Leidwesen Otto Sterns heiratete Max Volmer Lotte Pusch im März 1920 [15].

Gemeinsam mit Max Volmer entstanden in der kurzen Zeit von Ende 1918 bis Mitte 1919 drei Zeitschriftenpublikationen, die mehr experimentelle als theoretische Forschung betrafen. Die erste Publikation [16] (Januar 1919 eingereicht) befasste sich mit der Abklingzeit der Fluoreszenzstrahlung, heute würde man sagen: der Lebensdauer durch Photonen angeregter Zustände in Atomen oder Molekülen. Schnelle elektronische Uhren waren damals noch nicht vorhanden, also brauchte man parallel ablaufende Prozesse als Uhren. Hierfür bot sich die Molekularbewegung an. Wenn die Moleküle sich mit typisch 500 m/sec (je nach Temperatur kann man das beeinflussen) bewegen, dann brauchen sie für 0,5 µm-Flugstrecke eine Zeitdauer von 1 Milliardstel Sekunde. Wenn man ihre Leuchtbahnen unter dem Mikroskop bis auf 1 Mikrometer genau vermessen kann, dann entspricht das einer Flugdauer von 2 Milliardstel Sekunde. Damit hat der Physiker indirekt eine Uhr zur Verfügung, die solche kurzen Zeiten messen kann. Für die damalige Zeit direkt nach dem Ersten Weltkrieg bedeutete dies eine extrem gute zeitliche Auflösung. Stern und Volmer diskutieren in ihrer Arbeit verschiedene Wege, wie man Atome anregen kann und dann die Fluoreszenzstrahlung der sich schnell bewegenden Atome in Gasen bei unterschiedlichen Drucken und Temperaturen beobachten muss, um unter Berücksichtigung der Molekularbewegung mit sekundären Stößen eine ungefähre Lebensdauer zu bestimmen. In ihrem Experiment erreichten sie 1 µm Auflösung und konnten damit als obere Grenze der Lebensdauer 2 Milliardstel Sekunde angeben. Die dazu benutzte Glasapparatur war denkbar einfach. Fokussiert durch eine Linse wurde ein scharf ausgeblendeter Lichtstrahl in eine Vakuumapparatur mit veränderbarem Gasdruck und Temperatur eingestrahlt. Das Licht regt die Gasatome zur Fluoreszenzstrahlung an. Mit einem Mikroskop beobachtet man die Verteilung des Fluoreszenzstrahlleuchtens. Wäre die Lebensdauer extrem kurz, so würde man nur im Bereich des einfallenden Lichtstrahls Fluoreszenzleuchten sehen. Ist die Lebensdauer lang genug, dann bewegen sich die angeregten Atome (mit wachsender Temperatur schneller) aus dem Strahl und stoßen mit dem Restgas zusammen, wo sie ihre Anregungsenergie abgeben können. Auf diese Weise konnten Stern und Volmer alle wichtigen molekulardynamischen Aspekte berücksichtigen.

In dieser Arbeit wurde der sogenannte Stern-Volmer-Plot entwickelt und daraus die danach benannte Stern-Volmer-Gleichung abgeleitet, die die Abhängigkeit der Intensität der Fluoreszenz (Quantenausbeute) eines Farbstoffes gegen die Konzentration von Stoffen (Quenchern) beschreibt, die die Fluorenzenz zum Verlöschen bringen. Die Veröffentlichung enthielt darüber hinaus noch einen wichtigen Gedanken, auf dem letztlich die moderne „Beam Foil Spectroscopy" aufbaut. Ein extrem scharf ausgeblendeter Anregungsstrahl wird mit einem schnellen Gasstrahl gekreuzt oder schnelle Ionen in einem Ionenstrahl werden in einer sehr dünnen Folie angeregt, und strahlabwärts wird dann das Leuchten gemessen. Aus der Geometrie des Leuchtschweifs kann man direkt die Lebensdauer von angeregten Atomen und Molekülen bestimmen. Dazu hätte man Ende 1918 jedoch einen Molekularstrahl gebraucht. Ein Jahr später in Frankfurt wäre ein solches Experiment möglich gewesen, Otto Stern hat dann dort einen solchen Molekularstrahl entwickelt.

In der zweiten Berliner Veröffentlichung [17] von Stern und Volmer wurden die Ursachen und Abweichungen der Atomgewichte von der *Ganzzahligkeit* durch mögliche Isotopenbeimischungen und Bindungsenergieeffekte untersucht. Weicht das chemisch ermittelte Atomgewicht von der Ganzzahligkeit ab, so kann das einmal daran liegen, dass z.B. Wasserstoffkerne aus einem einzelnen Proton, aber auch aus einem Kern mit noch einem oder zwei zusätzlichen Neutronen, d.h. anderen Wasserstoffisotopen, bestehen können. Zum andern können Kerne abhängig von ihrer inneren Struktur auch unterschiedlich stark gebunden sein und damit nach Einsteins Beziehung „Energie gleich Masse" unterschiedliche Masse haben. Stern und Volmer berechneten auf der Basis eines „Bohrmodells" für die Kerne deren mögliche Bindungsenergien. Damals war sehr wenig über die Atomkerne und ihren inneren Aufbau bekannt. Stern und Volmer hofften, durch ihre Untersuchungen mehr über den Aufbau der Kerne und die inneren Kräfte zu lernen. In ihrem Kernmodell berücksichtigten sie nur die Coulombkraft, aber nicht die damals noch unbekannte „Starke Kernkraft". Die so berechneten Bindungsenergie-Effekte waren daher viel zu klein, um die gemessenen Massenunterschiede damit erklären zu können. Bindungsenergieeffekte als mögliche Ursachen für die unterschiedlichen Atomgewichte schlossen sie daher erst einmal aus. Der Bindungsenergieeffekt unter Berücksichtigung der „Starken Kernkraft" wurde erst später durch die Weizsäckersche Kernmassenformel erklärt, als man erkannte, dass die Bindungsenergie sehr groß war und in der Tat Kernmassen stark verändern konnte. Um den Einfluss der Isotopie zu bestimmen, haben Stern und Volmer dann Diffusionsexperimente durchgeführt, um evtl. einzelne Isotopenmassen anzureichern. Sie kamen dann aber zu dem Schluss, dass Isotopieeffekte die unganzzahligen Atomgewichte nicht erklären können. Daraus wurde schlossen sie dann doch folgerichtig, dass das auch verwendete Kernkraftmodell falsch sein könnte und Bindungsenergieeffekte vermutlich doch die Ursache sein könnten. Heute wissen wir, dass es in der Tat sehr starke Bindungsenergiedifferenzen von Kern zu Kern gibt und ebenso Isotopieeffekte einen starken Einfluss auf die mittleren Atomgewichte haben.

In der dritten gemeinsamen Arbeit [18] wird der Einfluss der Lichtabsorption auf die Stärke chemischer Reaktionen untersucht. Ausgehend von der Bohr-Einsteinschen Auffassung der Lichtabsorption auf das photochemische Äquivalenzprinzip wurde die Proportionalität von Lichtmenge und chemischer Umsetzung am Beispiel der Zersetzung von Bromhydrid erforscht. Diese Arbeit wurde November 1919 eingereicht und ist 1920 in der Zeitschrift für Wissenschaftliche Photographie erschienen.

VII. Zurück in Frankfurt (Februar 1919 – Oktober 1921)

Ab Frühjahr 1919 musste Stern seinen Vorlesungsverpflichtungen in Frankfurt wieder nachkommen und bot im „Zwischensemester“ beginnend am 3. Februar und endend am 16. April, eine zweistündige Vorlesung „*Einführung in die Thermodynamik*“ an [3]. Max von Laue hatte Frankfurt schon verlassen und hatte am Kaiser-Wilhelm-Institut für Physik in Berlin seine Tätigkeit aufgenommen (die Kaiser-Wilhelm-Institute sind die Vorläufer der heutigen Max-Planck-Institute). Max Born, als Laues Nachfolger von Berlin kommend, wo er eine a.o. Professur inne hatte, hielt in diesem Zwischensemester seine ersten Frankfurter Vorlesungen (Einführung in die theoretische Physik). Born und Stern konnten bald gemeinsam Forschungsergebnisse publizieren. Der Titel ihrer theoretischen Arbeit war: „Über die Oberflächenenergie der Kristalle und ihren Einfluß auf die Kristallgestalt“. Sie erschien 1919 in den Sitzungsberichten der Preußischen Akademie der Wissenschaften [19]. Max Born wurde 1882 in Breslau geboren. Für seine bahnbrechenden Arbeiten auf dem Gebiet der theoretischen Quantenphysik wurde er 1954 mit dem Nobelpreis ausgezeichnet. Wegen seiner jüdischen Vorfahren emigrierte er nach der Machtergreifung der Nationalsozialisten nach England. 1953 kehrte er nach Deutschland zurück und starb 1970 in Göttingen.

In der relativ kurzen Zeit, die Otto Stern bis Oktober 1921 in Frankfurt blieb, hat Stern dann Physikgeschichte geschrieben. Obwohl zwischen Krieg und Inflation die Basis für materielle Forschung extrem schwierig war, gelangen Otto Stern bedeutende technologische Entwicklungen und bahnbrechende Experimente, die ihm Weltruhm sowie 1943 den Nobelpreis einbrachten. Als Privatdozent am Institut für Theoretische Physik unter dem Institutsdirektor Max Born konnte Stern sich zu einem exzellenten Experimentalphysiker entwickeln. Neben Stern war Alfred Landè (1888 in Wuppertal geboren und 1976 in Columbus/Ohio gestorben) als weiterer Privatdozent (ohne bezahlte Stelle) noch Mitarbeiter in Borns Arbeitsgruppe. Landè arbeitete seit Dezember 1919 nebenher als Musiklehrer an der Odenwaldschule in

Oberhambach bei Heppenheim, um seinen Lebensunterhalt zu verdienen. Bei Born untersuchte er in seiner Habilitationsarbeit die Struktur von Atomen mit mehreren Elektronen. Das Institut hatte aber noch eine Besonderheit, die für Otto Stern von größter Bedeutung war: zum Institut gehörte eine mechanische Werkstatt mit dem Institutsmechaniker Adolf Schmidt.

Max Born berichtet in seinen Lebenserinnerungen [20] über diese Zeit: *Mein Stab bestand aus einem Privatdozenten, einer Assistentin und einem Mechaniker. Ich hatte das Glück, in Otto Stern einen Privatdozenten von höchster Qualität zu finden, einen gutmütigen, fröhlichen Mann, der bald ein guter Freund von uns wurde. Die Assistentin war Elisabeth Bormann, die in Berlin ausgebildet worden war und einige Zeit in der Industrie gearbeitet hatte. Diese Zeit war die einzige in meiner wissenschaftlichen Laufbahn, in der ich eine Werkstatt und einen ausgezeichneten Mechaniker zu meiner Verfügung hatte; Stern und ich machten guten Gebrauch davon. Die Arbeit in meiner Abteilung wurde von einer Idee Stern's beherrscht. Er wollte die Eigenschaften von Atomen und Molekülen in Gasen mit Hilfe molekularer Strahlen, die zuerst von Dunoyer* [21] *erzeugt worden waren, nachweisen und messen. Stern's erstes Gerät sollte experimentell das Geschwindigkeitsverteilungsgesetz von Maxwell beweisen und die mittlere Geschwindigkeit messen. Ich war von dieser Idee so fasziniert, dass ich ihm alle Hilfsmittel meines Labors, meiner Werkstatt und die mechanischen Geräte zur Verfügung stellte. Und ich selbst begann unter der Mithilfe meiner Assistentin, Frl. Bormann, ein ähnliches Experiment der experimentellen Messung der Wirkungsquerschnitte für den Zusammenstoß von Molekülen (wir maßen die Intensität eines Strahles von Silberatomen im Vakuum und in einem Gas). Stern's Experimente waren ein voller Erfolg, und auch die von Frl. Bormann und mir waren gut genug, um nach vielen Jahren die Zustimmung des größten Experimentators unserer Zeit zu finden. Ich war damals in Cambridge und lehrte am Cavendish-College. Eines Morgens traf ich Rutherford, der zu mir sagte: „Da muss es doch einen Experimentalphysiker geben, der genau Ihren Namen hat. Als ich eine Vorlesung über kinetische Gastheorie vorbereitete, fand ich in der Physikalischen Zeitschrift eine Arbeit, die von Max Born und Elisabeth Bormann unterzeichnet war und die eine Beschreibung von Experimenten enthielt, die für einen Mathematiker wie Sie viel zu gut war.*

Im Institut für Theoretische Physik (s. unten) standen Max Born nur zwei Arbeitsräume zur Verfügung. Born berichtete im Interview mit Paul Ewald 1962 [22], dass er zusammen mit Alfred Landè sich Zimmer und Schreibtisch teilen musste. Otto Stern arbeitete in dem kleineren der Räume. Wie Born erzählte, entwarf Otto Stern die Apparaturen, aber der Mechanikermeister der Werkstatt, Adolf Schmidt, musste die Apparatur unter der Anleitung von Stern aufbauen. Sterns erste große Leistung war das Ausmessen der Geschwindigkeitsverteilung der Moleküle, die sich in einem Gas bei einer konstanten Temperatur T bewegen. Diese Arbeit wurde die Grundlage zur Entwicklung der sogenannten Atom- oder Molekularstrahlmethode, die zu einer der erfolgreichsten Untersuchungsmethoden in Physik und Chemie überhaupt werden sollte. Dunoyer hatte 1911 gezeigt [21], dass, wenn man Gas durch ein kleines Loch in ein evakuiertes Gefäß strömen lässt, sich bei hinreichend niedrigem Druck (un-

Bild 11 Um 1920. Blick auf die königliche Universität Frankfurt und das Senckenberg Museum (1 Physikinstitut, 2 Senckenberg-Museum, 3 Alte Universität mit Aula)

ter 1/1 000 mbar) die Atome oder Moleküle geradlinig im Vakuum bewegen. Er beobachtete, dass, wenn man ein Hindernis in den Strahl stellt, wie bei einem Lichtstrahl ein scharfer Schatten des Hindernisses auf einer Auffangplatte entsteht (Atome oder Moleküle können auf kalter Auffangplatte kondensieren). Der Molekularstrahl besteht aus unendlich vielen, einzelnen und separat fliegenden Atomen oder Molekülen. In diesem Strahl fliegen also einzelne, isolierte Atome, an denen man Messungen durchführen kann. Niemand konnte vor Stern einzelne Atome isolieren und daran Quanteneigenschaften messen. Nur wenige Jahre vorher war es Max von Laue zusammen mit Walther Friedrich und Paul Knipping 1912 in München durch Streuung von Röntgenstrahlen an Kristallen (nicht einzelnen Atomen) erstmals gelungen, die diskrete Atomstruktur fester Körper nachzuweisen und sie indirekt sichtbar zu machen.

Um an den einzelnen Atomen des Molekularstrahls quantitative Messungen durchführen zu können, musste Stern wissen, mit welcher

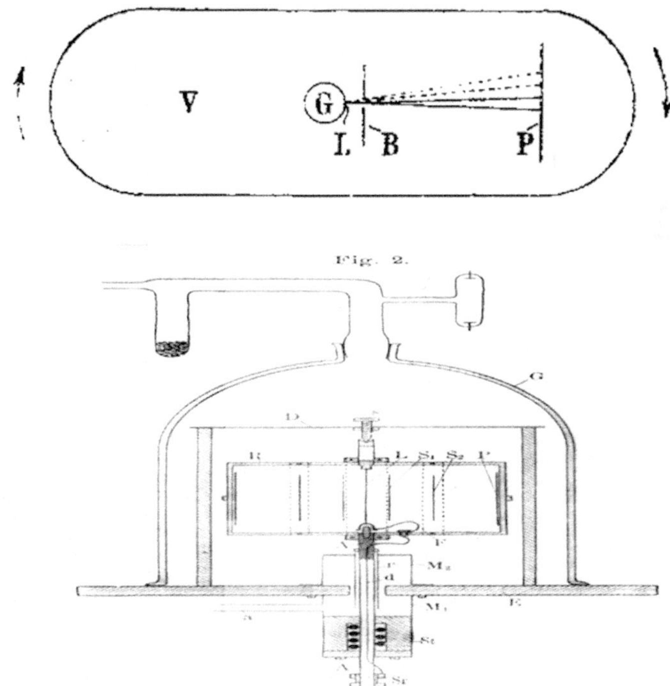

Bild 12 Apparatur zur Messung der Maxwell-Geschwindigkeitsverteilung von Gasmolekülen, oben Draufsicht, unten Querschnitt (3+23)

Geschwindigkeit diese Atome bei einer bestimmten Temperatur fliegen. Maxwell hatte diese Bewegung schon theoretisch berechnet, aber niemand vor Stern hat Maxwells Rechnungen überprüfen können. Otto Stern baute für diese Messung ein genial einfaches Experiment auf [23]. Als Quelle für seinen Atomstrahl verwendete er einen dünnen Platindraht L (s. der obere Teil von Abb. 12, Vorseite), der mit Silberpaste bestrichen und dann erhitzt wurde. Bei ausreichend hoher Temperatur verdampfte das Silber und flog radial vom Draht weg nach außen. Der verdampfte, im Vakuum geradlinig fliegende Strahl wurde durch sehr enge Schlitze S ausgeblendet und auf einer Auffangplatte P kondensiert. Der Fleck des Silberkondensats konnte unter dem Mikroskop beobachtet und in seiner Größe und Verteilung sehr genau vermessen werden. Setzt man nun Draht, Schlitz (im wirklichen Aufbau wurden zwei Schlitze für horizontale und vertikale Richtung hintereinander montiert) und Auffangplatte in schnelle Rotation mit dem Draht als Drehpunkt, dann fliegt der ausgeblendete Strahl wegen der sogenannten Corioliskraft auf einer gekrümmten Bahn (im rotierenden System gemessen). Man kann das wie folgt verstehen: Wenn eine Versuchsperson im Mittelpunkt L einer rotierenden Scheibe steht und nach außen zum Rand (Richtung P) laufen will, dann drückt scheinbar eine Kraft (Corioliskraft) entgegen der Drehrichtung diese Person zur Seite. Ursächlich dafür ist, dass die Versuchsperson nur mit einer radialen gerichteten Geschwindigkeit startet und die rotierende Scheibe sich unter der Person tangential wegdreht, was wie eine Scheinkraft auf die Versuchsperson wirkt. Die Kraft und damit die Krümmung der Flugbahn sind umso größer, je höher die Drehzahl der Scheibe ist. Die Folge ist, dass der Atomstrahl nun an anderer Stelle verschoben gegen die Rotation auf die Auffangplatte auftrifft. Durch zwei Messungen bei stehender und drehender Scheibe erhält man zwei strichartige Verteilungen. Aus dieser gemessenen Verschiebung (Unterschied der Streifenverteilung bei stehender und drehender Scheibe), aus der Geometrie der Apparatur und der Drehgeschwindigkeit kann man nun exakt die mittlere radiale Geschwindigkeit der Atome oder Moleküle bestimmen.

Stern reichte diese Arbeit mit dem Titel: „*Eine Messung der thermischen Molekulargeschwindigkeit*" im April 1920 bei der Physikalischen

Zeitschrift ein [23]. Er war mit dem gemessenen Ergebnis nicht ganz zufrieden. Die Messung lieferte für eine gemessene Temperatur von 961° eine mittlere Geschwindigkeit von ca. 600 m/sec, wohingegen die Maxwelltheorie nur 534 m/sec voraussagte. Stern versuchte nun, die Diskrepanz zwischen Messung und Theorie durch eventuelle Messfehler bei der Temperaturbestimmung zu erklären. Doch die Diskrepanz hatte in Wirklichkeit ganz andere Gründe, was Albert Einstein sofort erkannte. Er machte Stern darauf aufmerksam, dass bei der Strömung von Gasen aus einem Raum (hoher Druck) durch ein winziges Loch in einen anderen Raum (Vakuum) die schnelleren Moleküle eine merklich größere Transmissionsrate haben als die langsameren [24]. Nach Berücksichtigung dieses Effektes ergab sich in der Tat eine niedrigere gemessene Molekulargeschwindigkeit, die dann gut mit der Maxwell-Theorie übereinstimmte. Einstein verfolgte von Berlin aus mit großem Interesse, was sein früherer Schüler in Frankfurt zuwege brachte und war stets bereit, Stern zu helfen. Eine scheinbar nebensächliche Aussage Sterns in dieser Arbeit ist von großer, fast visionärer Bedeutung und sie war der eigentliche Grund für den Nobelpreis: „*Die hier verwendete Versuchsanordnung gestattet es zum ersten Male, Moleküle mit einheitlicher Geschwindigkeit herzustellen.*“ Für die Physik bedeutet das: Moleküle in einem bestimmten Impulszustand herstellen und damit quantitativ experimentieren zu können. Dies war ein wichtiger Meilenstein für die experimentelle Forschung in der Quantenwelt!

Dieses einfache Experiment von Stern hat eine sehr große Bedeutung für die experimentelle Physik und Chemie erlangt. In zahllosen nachfolgenden Arbeiten wird Otto Sterns Methode der Atomstrahlpräparierung bis heute angewandt. Wie schon erwähnt: Mehr als 40 spätere Nobelpreisarbeiten in Physik und Chemie verdanken letztlich dieser Pionierarbeit Otto Sterns ihren wissenschaftlichen Erfolg. Jede Messung in der Quantenphysik setzt sich letztlich aus vielen Einzelreaktionen zusammen, bei jedem Einzelereignis kann nur eine Impulsänderung gemessen werden. Orte sind in einer Einzelmessung niemals messbar und daher nicht direkt beobachtbar. Direkt beobachtbare Größen in der Welt der Quanten werden *Observable* genannt. Impulse sind daher Observable und Orte nicht! Erst durch viele aufeinander folgende Impulsmessun-

Bild 13 siehe im Text; Otto Stern ganz links, (25).

gen am gleichen oder ähnlichen Quantenobjekt kann man unter der Annahme, dass der Ort des Objektes sich in dieser Zeit nicht ändert, mit Hilfe von mathematischen Transformationen einen mittleren Ort bestimmen. Otto Sterns Entwicklung der Molekularstrahlmethode im Jahre 1919/20 in Frankfurt stellt somit einen großen Meilenstein für die Physik dar: erstmals konnten Physiker einzelne separierte Atome „in die Hand nehmen" und daran hochpräzise Impulsänderungen messen und damit innere Eigenschaften eines Atoms bestimmen.

Für den Nichtphysiker: Was ist ein Impuls, und was kann man aus der Impulsmessung lernen? Betrachten wir ein Geschoß beim Zielschießen auf eine Scheibe. Das Geschoß wird durch Seitenwind z.B. fünf cm abgetrieben. Kennt man den Impuls des Geschoßes (Masse mal Geschwindigkeit) und die Geschoßform, dann kann man aus der Ablenkung (Impulsänderung) die Windstärke (ablenkende Kraft) berechnen. Umgekehrt: misst man Windstärke, Ablenkung und Impuls des Geschoßes, dann kann man Eigenschaften, z.B. Form und Größe, des Geschoßes bestimmen.

(Und vielleicht auch das noch für die Nichtphysiker: Unten zu sehendes Bild 13 zeigt von links nach rechts Otto Stern, Friedrich Paschen, James Franck, Rudolf Ladenburg, Paul Knipping, Niels Bohr, E. Wagner, Otto von Baeyer, Otto Hahn, Georg von Hevesy, Lise Meitner, Wilhelm Westphal, Hans Geiger, Gustav Hertz und Peter Pringsheim in Berlin. Bohr kam 1920 nach Berlin, um die großen Ordinarien zu treffen. Lise Meitner und James Franck nannten die Ordinarien die „Bon-

Bild 14 Max Born (links) und Walter Gerlach (3)

zen". Diese Bonzen waren u.a.: Einstein, Planck, Haber, und Nernst. Daher organisierten Meitner und Franck am folgenden Tag ein sogenanntes „bonzenfreies" Treffen, bei dem dieses Bild aufgenommen wurde [25].)

In der Wissenschaft wird diese Arbeit Otto Sterns als eine Pionierarbeit von größter Bedeutung gewürdigt. Trotzdem: fast alle Lehrbücher zur Einführung in die Atomphysik erwähnen diese wichtige Arbeit nicht! Sterns Ruhm wurde eigentlich durch das 1922 in Frankfurt gelungene sogenannte „Stern-Gerlach-Experiment" begründet, das in fast jedem Lehrbuch an vorrangiger Stelle besprochen wird. Doch worum ging es und welche Bedeutung hat es für die Wissenschaft?

Der als Theoretiker ausgebildete Otto Stern hatte geniale Ideen, wie er das „Unmögliche" messen konnte. Aber wie er selbst im Züricher Interview eingestand [5], sein handwerkliches Umsetzungsgeschick war zumindest am Anfang in seiner Frankfurter Zeit nicht optimal, so dass er die Hilfe eines guten Experimentalphysikers brauchte. Außerdem war Stern „abergläubig", was das Experimentieren betraf. *„Um trotzdem beim Experimentieren etwas Glück und Erfolg zu haben, hatte ich mir angewöhnt, immer einen Holzhammer in der Nähe meiner Apparaturen liegen zu haben. Damit konnte ich dem Experiment drohen und das hat auch stets geholfen. Einmal war der Holzhammer verschwunden und gleich hat die Apparatur Probleme bereitet."*

Als dann die Experimente noch anspruchsvoller wurden, hat er sich einen Partner gesucht, der *„jedes experimentelle Problem"* lösen konnte. Diesen Partner hat er in Walther Gerlach gefunden. Dieser brachte große Erfahrung auf dem Gebiet der Vakuumtechnik mit und war sehr an der Physik des Magnetismus interessiert. In einem seiner ersten Experimente in Frankfurt wollte Gerlach untersuchen, ob der „anomale Diamagnetismus" von Wismut eine Kristalleigenschaft ist oder ob er auch beim gasförmigen Wismut auftritt. Born dachte, dass dieses Experiment zu schwierig wäre und keine Chance auf Gelingen hätte. Gerlach antwortete [22]: *Kein Versuch ist so dumm, dass man ihn nicht probieren sollte.* Wie Gerlach 1969 in den Physikalischen Blättern berichtet [26], begann er in Frankfurt, mit Hilfe inhomogener magnetischer Felder den Diamagnetismus von Wismut zu untersuchen. Als Stern ihn dann fragte, ob er wüsste, was Richtungsquantelung sei, musste er diese Frage verneinen. Offensichtlich hat ihn aber Stern dann zu den Experimenten zur Untersuchung der Richtungsquantelung (Stern-Gerlach-Experiment) überreden können.

Walther Gerlach wurde am 1. August 1889 in Wiesbaden-Biebrich geboren und hatte bei Friedrich Paschen in Tübingen 1912 promoviert und 1916 sich dort auch habilitiert. Nach Militärdienst und kurzer Tätigkeit bei den Farbenfabriken Elberfeld kam er am 1.Oktober 1920 als erster Assistent und Privatdozent ins Institut für experimentelle Physik an die Universität Frankfurt, dessen Direktor Richard Wachsmuth war. Er erhielt einen Lehrauftrag für „Höhere Experimentalphysik" und hielt darüber seine erste Vorlesung im SS 1921. Seit 1921 hielt er eine Vorlesung über „Neuere Anschauungen über Atom- und Molekülbau", die 1924 den jungen Frankfurter Hans Bethe (Nobelpreis 1967) so begeisterte, dass sie ihm den Anstoß gab, sich ganz dieser neuen Atomphysik zu verschreiben. Im November 1921 wurde Walther Gerlach dann der Titel a.o. Professor verliehen. Otto Stern war übrigens schon am 6. August 1919 der Titel eines Professors verliehen worden. Walther Gerlach nahm gleich engen Kontakt zum Institut von Max Born und damit zu Otto Stern auf. Born schrieb an seinen Freund Einstein [4] (Brief vom 12.2.1921): *„Wir haben jetzt Gerlach hier, der famos ist: energisch, kenntnisreich, geschickt und hilfsbereit."*

Walther Gerlach erhielt jedoch gleichzeitig ein Angebot aus Chile, an der Universität in Santiago die Physik und Elektrotechnik zu übernehmen. Born war verständlicherweise besorgt, ihn zu verlieren. Glücklicherweise gelang es, Gerlach in Frankfurt zu halten. Max Born [20] schreibt in seinen Erinnerungen: *Walther Gerlach fand die Atmosphäre in meiner Abteilung anregender als in der seinen und wurde ständiger Gast und Mitarbeiter. Ich veröffentlichte gemeinsam mit ihm verschiedene Abhandlungen, eine recht gute über die Elektronenaffinität von Jod, Sauerstoff und Schwefel, die aus den Gitterenergien berechnet wurde. Seine Arbeit mit Stern war jedoch wichtiger.*

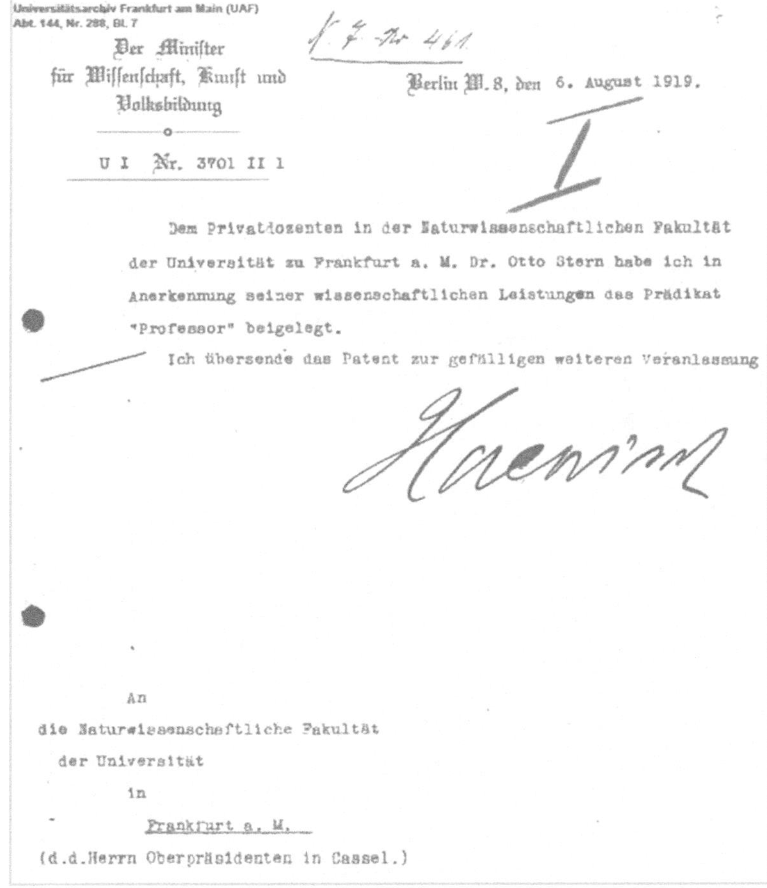

Universitätsarchiv Frankfurt am Main (UAF)
Abt. 144, Nr. 288, Bl. 7

Der Minister
für Wissenschaft, Kunst und
Volksbildung

U I Nr. 3701 II 1

Berlin W. 8, den 6. August 1919.

Dem Privatdozenten in der Naturwissenschaftlichen Fakultät der Universität zu Frankfurt a. M. Dr. Otto Stern habe ich in Anerkennung seiner wissenschaftlichen Leistungen das Prädikat "Professor" beigelegt.

Ich übersende das Patent zur gefälligen weiteren Veranlassung

Haenisch

An
die Naturwissenschaftliche Fakultät
der Universität
in
Frankfurt a. M.
(d.d.Herrn Oberpräsidenten in Cassel.)

Bild 15 Verleihung des Professorentitels am 6. August 1919 an Otto Stern (3)

Stern und Gerlach begannen schon Anfang 1921 mit der Planung und Ausführung des nach ihnen benannten Stern-Gerlach-Experiments zum Nachweis der Richtungsquantelung der magnetischen Momente von Atomen in äußeren Magnetfeldern. Richtungsquantelung heißt, die Ausrichtungswinkel der Achse Nord-Südpol dieser magnetischen Momente sind nicht isotrop verteilt, sondern stellen sich nur unter diskreten Winkeln im Raum ein. Der Physiker sagt: sie sind in der Richtung „gequantelt".

Da die Ergebnisse dieses Experimentes damals und auch heute noch vielen Physikern unverständlich erscheinen und selbst Stern 1961 im Züricher Interview eingestand, die Ergebnisse des Stern-Gerlach-Experimentes eigentlich nicht verstanden zu haben, erscheint es hier geboten, eine kurze Einführung in Atombau und Spektrallinien zu geben: Jedes Atom besteht aus der Atomhülle und einem Kern, der praktisch die ganze Atommasse enthält. Der Kern ist elektrisch positiv geladen. Die Atomhülle wird aus den negativ geladenen Elektronen gebildet, die die Kerne ständig umfliegen. Elektrische Ladungen in den Atomen kommen nur in Einheiten der Elementarladung vor. Die Elektronenzahl ist gleich der Kernladungszahl (der Anzahl der positiv geladenen Protonen). Damit ist von der Ferne betrachtet das gesamte Atom ungeladen. Nach der Vorstellung Bohrs und Sommerfelds umkreisen die Elektronen auf diskreten Bahnen die Kerne wie Planeten die Sonne. Daher können sich Elektronen in der Atomhülle nur in gewissen „Schalen" aufhalten, wo den Elektronen jeweils eine feste Bindungsenergie im Atom zuzuordnen ist. Es gibt Hauptschalen und Nebenschalen, die der Physiker durch eine Reihe von sogenannten Quantenzahlen charakterisiert. Die Nebenschalen sind jeweils Unterschalen der Hauptschalen und unterscheiden sich von der jeweiligen Hauptschale minimal in ihrem Energiewert. Die am stärksten gebundene Hauptschale ist die innerste Schale und trägt die Hauptquantenzahl 1.

Je nach Art der Bewegung der Elektronen erzeugen diese ein magnetisches Feld und damit ein magnetisches Moment, wie z.B. Kreisströme wie in einer Magnetspule. Daher können äußere magnetische Felder je nach Stärke und Richtung des äußeren Feldes die Energiewerte dieser Elektronen minimal beeinflussen und verändern.

Wenn in Atomen die Zustände in „tiefer gelegenen Schalen" unbesetzt sind, können Elektronen von äußeren in innere Schalen wechseln. Die inneren Schalen haben eine höhere Bindungsenergie als äußere. Die dabei frei werdende Energie wird z. B. in Form von elektromagnetischer Strahlung abgegeben, d.h. das Atom emittiert beim Übergang eines Elektrons in eine tiefere Schale ein Photon, zum Beispiel sichtbares Licht. Für ein bestimmtes Atom können die Photonen wegen der diskreten Schalen nur bestimmte Energiewerte haben. Für Licht bedeutet das: das Photon hat eine bestimmte charakteristischen Farbe. Der Physiker sagt: das Atom emittiert Spektrallinien, die für jede Atomart charakteristisch sind. Der Physiker kann nun durch Vermessen der Photonenenergie Information über die inneren Schalenzustände des Atoms gewinnen und die Atomart ähnlich einer DNA-Probe eindeutig bestimmen.

Durch die magnetische Kraftwechselwirkung zwischen inneren atomaren magnetischen Momenten und dem von außen angelegtem Magnetfeld ändert sich die potentielle Energie des Atoms im äußeren Feld. Diese Änderung hängt von der Größe des inneren magnetischen Momentes, der äußeren Feldstärke, sowie dem Cosinus des Winkels zwischen Richtung des magnetischen Momentes (Nord-Südpolrichtung) und äußerem Feld ab, also von der Raumrichtung. Diese Energieänderung durch die Einwirkung des äußeren Magnetfeldes ist in den emittierten Spektrallinien beobachtbar und wird nach seinem Entdecker Pieter Zeeman als Zeeman-Effekt bezeichnet. Da nach Kenntnis der klassischen Physik die magnetischen Momente der Atome im Raum völlig isotrop vorkommen sollten, muss der Zwischenwinkel und damit auch die potentielle Energieänderung kontinuierliche Verteilungen zeigen und der Zeeman-Effekt ein breites kontinuierliches Band emittierter Photonen zeigen.

Der Zeeman-Effekt, der 1896 von Pieter Zeeman in Leiden (Nobelpreis für Physik 1902) durch Untersuchung der im Magnetfeld aus Atomen emittierten Spektrallinien entdeckt wurde, zeigte jedoch eine sehr scharfe Linienstruktur. Im Magnetfeld spaltete eine Spektrallinie in mehrere eng benachbarte Seitenlinien auf. Je nach Zwei-, Drei- oder Vierfach-Aufspaltung werden diese Liniengruppen Dubletts, Tripletts, Quartetts etc. genannt. Um diese scharfe Linienstruktur überhaupt physikalisch erklären zu können, mussten 1916 Debye und

Sommerfeld die „Richtungsquantelung" postulieren [27]. Diese Forderung widerspricht völlig dem gesunden Menschenverstand. Noch „absurder" an der Richtungsquantelung ist, dass diese Ausrichtung von der Magnetfeldrichtung abhängt, die der Experimentator zufällig wählt. Woher sollen die Atome „wissen", aus welcher Richtung der Experimentator sie beobachtet? Nach allem, was die Physiker damals wussten, ja selbst was wir bis heute wissen, gab und gibt es keinen uns bekannten physikalisch erklärbaren Prozess, der diese Momente nach dem Beobachter ausrichtet und eine vom Beobachter abhängige Richtungsquantelung erzeugt. Selbst Debye sagte zu Gerlach: *„Sie glauben doch nicht, dass die Einstellung der Atome etwas physikalisch Reelles ist, das ist eine Rechenvorschrift, das Kursbuch der Elektronen."* Max Born bekannte später: *„Ich dachte immer, daß die Richtungsquantelung eine Art symbolischer Ausdruck war für etwas, was wir eigentlich nicht verstehen."* Im Interview mit Peter Paul Ewald [22] erzählte er: *„Ich habe versucht, Stern zu überzeugen, dass es keinen Sinn macht, ein solches Experiment durchzuführen. Aber er sagte mir, es ist es wert, es zu versuchen."*

Wie Otto Stern später erzählte [28], war in einem Seminarvortrag im Bornschen Institut das Problem diskutiert worden und Otto Stern auf diese Frage aufmerksam gemacht worden. Wie Stern im Züricher Interview berichtete [5], hat er selbst überhaupt nicht an die Existenz einer solchen Richtungsquantelung geglaubt. Stern wollte das Experiment machen, um Debye und Sommerfeld zu widerlegen. Otto Stern überlegte sich: wenn Debye und Sommerfeld recht haben, dann müssten die magnetischen Momente von gasförmigen Atomen in einem äußeren Magnetfeld sich ebenso ausrichten. Schickt man dann linear polarisiertes Licht hindurch, dann ist wegen der richtungsabhängigen Polarisierung der Atome die Lichtgeschwindigkeit in den verschiedenen Richtungen unterschiedlich und es sollte Lichtbrechung auftreten. Dies hatte bis dahin noch niemand beobachtet, was Otto Stern nicht in Ruhe ließ. Er berichtete später [28]: *„Am nächsten Morgen, es war zu kalt um aufzustehen, da habe ich mir überlegt, wie man das auf andere Weise experimentell klären könnte"*. Mit seiner Atomstrahlmethode konnte er diese Frage experimentell klären.

Außerdem beschäftigte sich in den Jahren 1920/21 Alfred Landè (im Nebenzimmer von Otto Stern sitzend) intensiv mit dem Zeeman-Effekt und der Suche nach einer universellen Formel, die alle die im normalen und anomalen Zeeman-Effekt beobachteten Multiplett-Aufspaltungen beschreiben kann. Im April und Oktober 1921 reichte Landè bei der Zeitschrift für Physik zwei Publikationen ein [29], in der die Multiplettaufspaltung beim Zeeman-Effekt durch eine universelle semi-empirisch abgeleitete Formel perfekt beschrieben wurde. Diese Formel stimmt exakt mit der einige Jahre später hergeleiteten quantenmechanischen Lösung überein. Der von Landè eingeführte g-Faktor zur Beschreibung der Zeeman-Aufspaltung wurde nach seinem Entdecker später auch der Landè-Faktor genannt. Es liegt daher nahe, dass Stern auch mit Landè über die Richtungsquantelung gesprochen hat.

Am 26. August 1921 reichte Otto Stern bei der Zeitschrift für Physik als alleiniger Autor eine Publikation [30] ein, in welcher der Weg zur experimentellen Überprüfung der Richtungsquantelung und die Machbarkeit des Experimentes, d.h. ob man die zu erwartenden kleinen Effekte auf die Bahn der Molekularstrahlen wirklich beobachten könne, diskutiert wurde. In dieser Arbeit bringt Otto Stern weitere Bedenken gegen das Debye-Sommerfeld-Postulat vor und führt aus: „*Eine weitere Schwierigkeit für die Quantenauffassung besteht, wie schon von verschiedenen Seiten bemerkt wurde, darin, daß man sich gar nicht vorstellen kann, wie die Atome des Gases, deren Impulsmomente ohne Magnetfeld alle möglichen Richtungen haben, es fertig bringen, wenn sie in ein Magnetfeld gebracht werden, sich in die vorgeschriebenen Richtungen einzustellen. Nach der klassischen Theorie ist auch etwas ganz anderes zu erwarten. Die Wirkung des Magnetfeldes besteht nach Larmor nur darin, daß alle Atome eine zusätzliche gleichförmige Rotation um die Richtung der magnetischen Feldstärke als Achse ausführen, so daß der Winkel, den die Richtung des Impulsmomentes mit dem Feld B bildet, für die verschiedenen Atome weiterhin alle möglichen Werte hat. Die Theorie des normalen Zeeman-Effektes ergibt sich auch bei dieser Auffassung aus der Bedingung, daß sich die Komponente des Impulsmomentes in Richtung von B nur um den Betrag h/2π oder Null ändern darf*“.

Stern hatte sich zu dieser Vorveröffentlichung entschlossen, da Hartmut Kallmann und Fritz Reiche in Berlin ein ähnliches Experiment für die räumliche Ausrichtung von Dipolmolekülen in inhomogenen elektrischen Feldern (Starkeffekt, von Paul Epstein und Schwarzschild theoretisch untersucht) gemacht hatten und kurz vor der Publikation standen. Otto Stern stand mit Kallmann und Reiche in Kontakt.

Debye und Sommerfeld hatten für die auf der Bahn umlaufenden Elektronen eine Ausrichtung des magnetischen Momentes in drei Ausrichtungen vorausgesagt (analog der Aufspaltung beim Zeeman-Effekt): parallel (nach oben), antiparallel (nach unten) und senkrecht zum äußeren Magnetfeld, d.h. eine Triplettaufspaltung, und damit eine dreifach Aufspaltung des Atomstrahles (nach oben und unten sowie keine Ablenkung zum Magnetfeld). Bohr hingegen erwartete nur eine Zweifachaufspaltung (Dublett) nach oben und unten, aber in der Mitte keine Intensität.

Die Durchführung dieses Experimentes zur Untersuchung der Richtungsquantelung war technisch äußerst schwierig. Die eigentliche Apparatur mit Erzeugung des Dampfstrahls in einem Ofen, Schlitze für Ausblenden des Atomstrahls, Ablenkung des Strahls im Magnetfeld und Auffangplatte war klein, nicht viel größer als ein Kugelschreiber. Das heißt, es mussten hohe Temperaturen (Ofen und Diffusionspumpen) bei kleinen Abständen mit kalten Auffangplatten geschickt verbunden werden. Die zu erwartende geringe Ablenkung des Strahls erforderte außerdem eine hohe mechanische Präzision.

Dann kam hinzu, dass in der Nachkriegszeit praktisch kein Geld vorhanden war, um die notwendigen Apparaturen aufzubauen. Unterstützung erhielten Stern und Gerlach durch Frankfurter Bürger, die über den Physikalischen Verein Frankfurt der Universität eng verbunden waren. Darunter war Wilhelm Eugen Hartmann, der Gründer der Fa. Hartmann & Braun und langjährige Vorsitzende des Physikalischen Vereins. Dessen Firma stellte Stern und Gerlach für die ersten Experimente zur Messung des magnetischen Moments von Silber einen Magneten (kleiner Dubois-Magnet) zur Verfügung. Die Fa. Messer spendete die für die Versuche benötigte flüssige Luft. Einstein als Direktor des Kaiser Wilhelm Instituts in Berlin kaufte dann den Magneten von Hartmann &

Braun, damit der eigentliche Stern-Gerlach-Versuch durchgeführt werden konnte. Außerdem gab es in Frankfurt den Verein der Freunde und Förderer der Universität, auch dieser Verein unterstützte die Experimente von Stern und Gerlach nach Kräften.

Max Born [20] beschreibt die damalige finanzielle Situation in Frankfurt so: *Wir waren schon in der Inflation, die später so katastrophal werden sollte, aber uns wurde nicht bewusst, was da geschah. Alles war rar und teuer. Physikalische Instrumente waren kaum zu bekommen. So waren meine Gelder schnell erschöpft, und ich musste mich nach Hilfe umsehen. Zu jener Zeit ging eine Welle des Interesses für Einstein und seine Relativitätstheorie um die Welt. Er hatte die Ablenkung des Lichts, das von einem Stern kommt, durch die Sonne vorausgesagt. Einige Expeditionen, darunter eine englische unter der Leitung von Eddington, wurden in tropische Länder entsandt, als eine totale Sonnenfinsternis stattfand und man die Ablenkung beobachten konnte. Nach mühevollen Messungen und langwierigen Berechnungen kam man zu dem Schluss, dass Einstein recht hatte; dies wurde mit großen, sensationsheischenden Überschriften in den Zeitungen veröffentlicht und verursachte enormes Aufsehen in der zivilisierten Welt. Es kam zu einer richtigen Einsteinbegeisterung - jeder wollte wissen, was dahintersteckte. Ich nutzte dies für meine Zwecke, kündigte eine Reihe von Vorlesungen über Einsteins Relativitätstheorie im größten Hörsaal der Universität an und nahm ein paar Mark Eintrittsgeld, das für mein Institut bestimmt war. Die Vorlesungen waren ein ungeheurer Erfolg; der Saal war jedes Mal überfüllt, und eine ansehnliche Summe wurde gesammelt. Meine Freunde aus der Frankfurter Geschäftswelt sagten mir, dass ich ein noch besseres Ergebnis erzielt hätte, wenn ich private Einladungen zu einem Vortrag im teuersten Hotel, in Abendkleidung und mit Cocktails, verschickt und um eine Spende zur Unterstützung unserer Arbeit gebeten hätte. Doch so was lag mir nicht. Das auf diese Weise eingenommene Geld half uns einige Monate, doch mit zunehmender Inflation ging es rasch zu Ende, und es musste wieder etwas beschafft werden. Eines Tages traf ich einen Freund der Familie Ehrenberg, der mir erzählte, dass er schon seit Jahren mit einem amerikanischen Mädchen verlobt sei; der Krieg habe sie getrennt, doch nun fahre er nach New*

York, um zu heiraten. Ich sagte scherzhaft: „Wenn Sie einen Deutschamerikaner finden, der noch an seiner Heimat interessiert ist, sagen Sie ihm, dass ich Dollar für wichtige Experimente in meinem Institut brauche". Ich hatte diese Bemerkung völlig vergessen, als ein paar Wochen später eine von diesem Mann unterzeichnete Postkarte eintraf: „Ich bin glücklich verheiratet und habe den Mann gefunden. Schreiben Sie an Henry Goldman, 998 Fifth Avenue, New York". Ich hielt dies zuerst für einen Witz, doch nach einiger Überlegung beschloss ich, einen Versuch zu unternehmen. Mit Hedis [Max Borns Gattin] *Hilfe wurde ein netter Brief entworfen und abgeschickt, und bald trafen eine höchst charmante Antwort und ein Scheck über mehrere hundert Dollar ein, die uns aus unseren Schwierigkeiten heraushalfen.* [Im Oktober 1921 war 1 Dollar ca. 400 Mark wert].

Born fährt fort: *Ich muss Euch ein paar Worte über diesen Mr. Goldman sagen. Sein Großvater war ein armer jüdischer Hausierer in Hessen gewesen; wenn der Landgraf vorbeifuhr, musste er im Staub der Strasse niederknien. Er ertrug die Ungerechtigkeiten nicht und wanderte in die Vereinigten Staaten aus. Sein Sohn war bereits Eigentümer einer Bank, und sein Enkel, unser Henry, wurde Direktor einer der größten Privatbanken, Sachs, Goldmann &Co.*

Die Inflation konnte den wissenschaftlichen Erfolg dieser kleinen Gruppe um Stern, Gerlach und Born nicht stoppen. Vielmehr gab es andere unerwartete Ursachen, durch die die erfolgreichen Experimente mit der Molekularstrahltechnik in Frankfurt zu einem Ende kamen.

Max Born erhielt im Mai 1920 einen Ruf auf eine Professur der Universität Göttingen. Am 18.Mai 1920 informierte Born den Vorsitzenden des Kuratoriums der Universität Frankfurt a.M., Herrn Oberbürgermeister Voigt, über diesen Ruf. Er schrieb: *Dem Kuratorium erlaube ich mir anzuzeigen, daß ich einen Ruf an die Universität Göttingen als Nachfolger von Prof. P. Debye erhalten habe. Ich habe davon Exc. v. Steinmeister bereits Mitteilung gemacht. Mit dem Ministerium für Kunst, Wissenschaft und Volksbildung bin ich in Verhandlungen eingetreten über die Bedingungen, unter denen ich die Göttinger Professur für theoretische Physik zu übernehmen hätte; es scheint, daß die Bedingungen für mich recht vorteilhaft ausfallen werden.*

Ich möchte nicht unterlassen, dem Kuratorium zu versichern, daß mich meine Tätigkeit an der Frankfurter Universität in jeder Hinsicht sehr befriedigt hat und daß ich nur ungern die schöne Stadt verlassen würde [3].

Da Born sich in Frankfurt sehr wohl fühlte, wollte er gerne in Frankfurt bleiben. Einmal hatte er mit Stern und Gerlach zwei Mitarbeiter, deren Leistungen und wissenschaftliche Arbeiten er äußerst hoch einschätzte und sie daher nicht verlieren wollte, zum andern wohnte er in der Cronstettenstraße im Norden Frankfurts in einem wunderbaren Haus mit schönem Blick auf den Taunus. Die Stadt Frankfurt bot ihm Bleibeverhandlungen an. Der Frankfurter Oberbürgermeister Georg Voigt (Oberbürgermeister von 1912 bis 1924) antwortet Born am 21. Mai 1920: *Herrn Prof. Born, hier: Den Empfang Ihres gefl. Schreibens vom 18.Mai ds. Js. mit der Anzeige, daß Sie einen Ruf an die Universität Göttingen erhalten haben, beehre ich mich Ihnen zu bestätigen. Zu der ehrenvollen Berufung erlaube ich mir Ihnen meinen aufrichtigsten Glückwunsch auszusprechen, möchte aber zugleich dem lebhaften Bedauern Ausdruck geben, da für die hiesige Universität die Gefahr besteht, Ihre bewährte Kraft zu verlieren. Ich gestatte mir die ergebenste Anfrage, unter welchen Bedingungen Sie bereit sein würden, auf die Übersiedelung nach Göttingen zu verzichten, damit ich in der Lage bin, möglichst bald eine Entschließung der Verwaltungskörperschaften herbeizuführen. Mit der Versicherung meiner ausgezeichneten Hochachtung habe ich die Ehre zu sein Ihr ergebener Gez. Voigt* [3].

Max Born nahm das Angebot für Bleibeverhandlungen an und schrieb an den Frankfurter Oberbürgermeister Voigt: *Ich möchte Sie um die Erlaubnis bitten, nach Empfang der Antwort des Ministeriums mit Ihnen über die Möglichkeit meines Verbleibens in Frankfurt persönliche Rücksprache zu nehmen. So vorteilhaft das Göttinger Angebot auch zu sein scheint, so würde ich doch sehr bedauern, die schöne Stadt Frankfurt verlassen zu müssen, die mir in der kurzen Zeit meines Hierseins schon sehr lieb geworden ist* [3].

Am 7. Juni 1920 teilte Max Born dem Oberbürgermeister der Stadt Frankfurt fünf Bedingungen für sein Verbleiben in Frankfurt mit: *Für den Fall, daß ich in Frankfurt verbleibe, wünsche ich folgendes: 1. In-*

stitut: Erweiterung der Räume, mindestens drei weitere Arbeitsräume für Doktoranden, Arbeitszimmer für Prof. Stern und mich. Verbesserte Werkstatt. Ein weiterer Assistent. Ein Hilfsmechaniker. Etat: Mindestens 15.000,-M jährlich, einmalige Aufwendung von 50.000,-M für Anschaffungen von Apparaturen. 5.000,-M für Anschaffung von Büchern. 2. Lehrbetrieb: Prof. Stern bekommt eine etatmäßige Professur. (Nur auf diese Weise kann ich ihn mir als Mitarbeiter erhalten). 3. Gehalt Mindestens in derselben Höhe wie in Göttingen. (Gesamteinkommen etwa 37.000M). 4. Das Hilfspersonal (Mechaniker) des Instituts soll fest besoldete Beamtenstellen bekommen. 5. Die für diese Neuordnung nötigen Fonds müssen unabhängig vom Schicksal der Frankfurter Universität sicher gestellt werden [3].

Die Verhandlungen fanden statt und Borns Forderungen wurden bis auf eine erfüllt. Diese Bedingung betraf Otto Stern, war für Born aber von zentraler Bedeutung. Max Born hatte gefordert, Otto Stern in Frankfurt eine etatmäßige Professur zu geben. Warum diese zweite Forderung abgelehnt wurde, ist nicht eindeutig zu recherchieren. Richard Wachsmuth [3] spielte dabei eine wichtige Rolle. Er war 1914 zum ersten Rektor der Frankfurter Universität gewählt worden und hatte großen Einfluss auf diese Bleibeverhandlungen. Richard Wachsmuth wurde 1868 in Marburg geboren. Er war bis 1905 in Rostock und kam 1907 über die Preußische Kriegsakademie Berlin als Dozent für Physik zum Physikalischen Verein in Frankfurt. Am 16.8 1914 wurde er zum ersten Rektor und am 2.9.1914 zum ordentlichen Professor für Physik an die königliche Universität Frankfurt berufen. 1932 ließ er sich vorzeitig emeritieren. 1896 hatte er Marie Elise Charlotte Springer geheiratet, deren Großvater väterlicherseits aus einer jüdischen Familie stammte. Wachsmuth ist 1941 in Bayern verstorben.

Nachdem Max Born einsehen musste, dass Wachsmuth ihn nicht unterstützte, schrieb er am 17. Juni 1920 in einem Brief an seinen Freund Albert Einstein [4]: *Lieber Einstein, höchstwahrscheinlich gehen wir nach Göttingen, nämlich, wenn Franck berufen wird und annimmt; die Fakultät hat ihn vorgeschlagen. Nun wird die Frage meines Nachfolgers akut. Schoenflies wollte an Dich schreiben und um ein Gutachten bitten. Ich möchte natürlich Stern haben. Aber Wachsmuth will nicht;*

er sagte mir: ich schätze Stern sehr, aber er hat solch zersetzenden jüdischen Intellekt. Es ist wenigstens offener Antisemitismus. Aber Schoenflies und Lorenz wollen mir helfen. Wachsmuth schlägt Kossel vor, was sehr raffiniert erdacht ist, denn gegen diesen läßt sich doch nichts sagen, höchstens, dass er keine Mathematik kann, aber das ist kein Fehler. Stern hat unser kleines Institut in die Höhe gebracht und verdient durchaus Anerkennung. Ich brauche Dir ja seinen Wert nicht auseinanderzusetzen.

Interessant sind auch die Forderungen Borns die Werkstatt betreffend. Für Born hatte die Werkstatt eine zentrale Bedeutung. Ohne diese Werkstatt um den Werkstattleiter Adolf Schmidt wären Sterns und Borns Experimente sowie das Stern-Gerlach-Experiment zu jener Zeit niemals möglich gewesen. Seine Forderungen betrafen auch die Sicherheit von Geldanlagen. Schon 1920 war absehbar, dass die Stiftungsuniversität, die nur wegen ihres hohen Stiftungsvermögens bestehen konnte, in einer Inflation nicht überleben konnte. Während der Inflation von 1923 verlor die Universität ihr Stiftungsvermögen. Dem Wirken Voigts und vor allem dem preußischen Kultusminister Carl Heinrich Becker ist zu verdanken, dass die finanziellen Verpflichtungen von der Stadt übernommen wurden und die Universität erhalten blieb. Am 10. Juli 1920 schreibt Born an Oberbürgermeister Voigt, der Vorsitzender des Kuratoriums der Universität Frankfurt ist: *Zunächst möchte ich dem Kuratorium meinen herzlichen Dank dafür ausdrücken, dass es meinen Wünschen für den Fall meines Verbleibens in Frankfurt in so weitgehendem Maße entgegen gekommen ist. Leider scheint es nicht möglich zu sein, meinen Hauptwunsch zu erfüllen, meinen Mitarbeiter Prof. Stern durch Übertragung einer Professur in Frankfurt zu fesseln. Gerade dieser Punkt, die Gewinnung ausgezeichneter Mitarbeiter liegt nach den Anerbietungen des Ministeriums in Göttingen viel günstiger* [3].

Für Max Born ist nach den gescheiterten Verhandlungen in Frankfurt die Entscheidung einfach. Max Born nahm den Ruf der Universität Göttingen an und hielt schon im Sommersemester 1921 in Frankfurt keine Vorlesungen mehr.

Trotz Entscheidung für Göttingen, versuchte Born doch noch für Stern etwas in Frankfurt zu erreichen. Sein Ordinariat wurde ja neu ausgeschrieben und er versuchte, Stern auf diese Stelle zu bringen. Er bat den Mathematiker Schoenflies, der in der Berufungskommission war, mit Einstein in dieser Sache Kontakt aufzunehmen. Schoenflies bat im Sommer 1920 Einstein um eine Einstufung der Kandidaten und schrieb [4]: *Sehr verehrter Herr Kollege, Es ist wohl leider ganz sicher, dass wir unsern Max Born an die Göttinger abgeben müssen. Da ist die Frage, wer sein Nachfolger werden soll. Wir haben ja in erster Linie den Stern, den Sie noch von Zürich her kennen, und von dem ich selbst eine ausgezeichnete Meinung habe. Von anderer Seite wird besonders auf Kossel in München hingewiesen. Endlich dürfte wohl auch von Lenz die Rede sein. Jedenfalls darf ich wohl heute so frei sein, mich bittstellend an Sie zu wenden, und für uns Ihr Urteil über die drei genannten Herren zu erbitten. Natürlich ist es für die Fakultät bestimmt. Ich würde aber gern hören, in welcher Reihenfolge die drei Ihrem Urteil nach zu nennen wären, und was Sie über die Einzelnen insbesondere denken.*

Einstein antwortete am 29. Juli 1920 [4]: *Unter den von Ihnen genannten Fachgenossen halte ich Stern für den Geeignetsten. Sein Wissen ist ein überaus vielseitiges, seine kritischen und pädagogischen Fähigkeiten sind außergewöhnlich. Außerdem hat er Neigung und Geschick zum Experimentieren. Ich glaube nicht, dass meine ausgezeichnete Meinung über Herrn Stern durch den Umstand wesentlich beeinflusst wird, dass ich ihn persönlich gut kenne, denn erst vor kurzem hat sich Herr Bohr spontan höchst anerkennend über ihn ausgesprochen.*

Die Liste für Borns Nachfolge nannte dann an erster Stelle Erwin Madelung, an zweiter Stelle Otto Stern und an dritter Stelle Walther Kossel. Erwin Madelung wurde dann 1921 als Borns Nachfolger berufen.

Was wäre gewesen, wenn man bei den Bleibeverhandlungen Max Borns Forderungen in Bezug auf Stern erfüllt hätte? Vielleicht wäre dann die berühmte Göttinger Schule mit Born als zentrale Figur die Frankfurter Schule geworden?

Nachdem Born Frankfurt verlassen hatte, erhielt Otto Stern im Herbst 1921 einen Ruf auf eine a.o. Professur für theoretische Physik an der Universität Rostock und nahm ihn an. Schon im Wintersemester 1921/22 hielt er in Rostock Vorlesungen über theoretische Physik. Die Frankfurter Physik hatte damit zwei „Leuchttürme" verloren. Es war dann nur eine Frage von Monaten, dass auch Gerlach Frankfurt verlassen hat und an eine andere Universität gewechselt ist.

Obwohl Otto Stern ab Herbst 1921 nicht mehr in Frankfurt war, gingen die gemeinsamen Arbeiten mit Walter Gerlach zur Messung der magnetischen Momente von Atomen und zum Nachweis der Richtungsquantelung in Frankfurt weiter. Dies war vor allem Gerlachs Verdienst. Auf dem Weg zur Untersuchung der Richtungsquantelung mit ständig sich verbessernder Auflösung konnten sie in der Nacht vom 5. auf den 6. November 1921 ihren ersten großen Erfolg verbuchen [26]. Ein Silberstrahl von 0,05 mm Durchmesser wurde in einem Vakuum von einigen 10^{-5} mbar entlang eines schneidenförmigen Polschuhs geleitet und auf einem wenige cm entfernten Glasplättchen aufgefangen. Aus der Form des Fleckes des dort niedergeschlagenen Silbers wurde die Ablenkung des Strahls gemessen und daraus die Größe des magnetischen Moments des Silberatoms bestimmt. Bei ausgeschaltetem Magnetfeld wurde ein kreisrunder Fleck von 0,1 mm Durchmesser, bei eingeschaltetem Magnetfeld eine Ellipse von 0,1mm Höhe und 0,25 bis 0,3 mm Länge gemessen. Damit war erstmals nachgewiesen, dass Silberatome und damit Atome ein inneres magnetisches Moment besitzen und dieses ca. ein bis zwei Bohrsche Magneton-Einheiten groß ist. In der Einheit „Magneton" misst der Physiker die Stärke der magnetischen Momente der Atome. Am 18. November 1921 wurde die Arbeit bei der Zeitschrift für Physik mit Gerlach als erstem Autor [31] eingereicht.

Wegen der zu schlechten Winkelauflösung konnte aus diesem Ergebnis noch nicht mit Sicherheit entschieden werden, welche Voraussage zur Richtungsquantelung richtig war: die Bohrsche Hypothese

Bild 16 Schema der Apparatur des Stern-Gerlach-Experiments. Der Silberstrahl wird im Öfchen O erzeugt, in den Schlitzen S scharf ausgeblendet, im Magneten M abgelenkt und auf dem Plättchen P kondensiert.

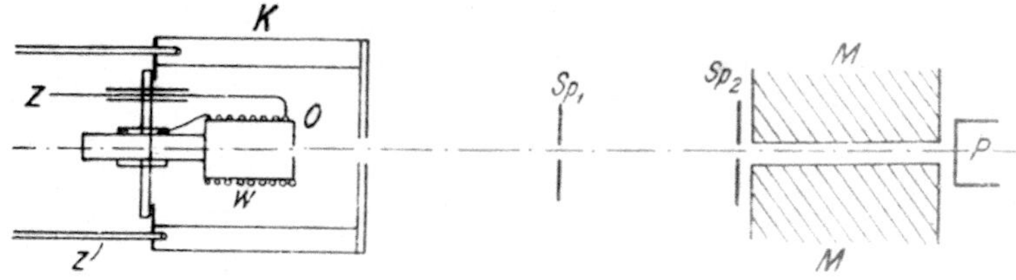

einer Dublettaufspaltung oder die von Debye und Sommerfeld erwartete Triplettstruktur. Dieses erste Messergebnis von einem elliptischen Fleck mit Maximum in der Mitte schien Debye und Sommerfeld recht zu geben. Da Stern in Rostock Vorlesungen halten musste, konnte er nur selten nach Frankfurt kommen und Gerlach musste alleine weiterarbeiten. In den Weihnachtsferien 1921 arbeiteten Gerlach und Stern gemeinsam in Frankfurt an der Verbesserung der Apparatur. Die kreisrunde Blende von 0,1 mm Durchmesser wurde durch eine Schlitzblende von 0,03 bis 0,04 mm Breite ersetzt und damit eine wesentlich bessere Winkelauflösung erreicht. Der Aufbau des Stern-Gerlach-Experimentes wurde 1924 in der Arbeit „Über die Richtungsquantelung im Magnetfeld" [32] ausführlich beschrieben.

Walther Gerlach beschrieb 1924 in einer zweiten Publikation [33] weitere Details der Experimentdurchführung und die zahlreichen Einzelversuche. Dort zeigte er auch ein Foto der benutzten Apparatur.

Der Nobelpreisträger der Chemie von 1987 Dudley Herschbach ist in den sechziger Jahren Otto Stern in Berkeley öfters begegnet. Stern hat ihm noch einige Details zur Durchführung des Stern-Gerlach-Experimentes erzählt [28]. Nach Herschbach haben Stern und Gerlach sich Anfang Februar 1922 in Göttingen getroffen. Da beide wegen eines Eisenbahnerstreiks einen Tag länger als geplant in Göttingen festgehalten wurden, konnten beide noch einmal über Verbesserungen der Apparatur diskutieren. In der Tat hat es diesen Streik gegeben, er begann am Freitag, dem 3.Februar1922 und endete fünf Tage später. Da das Experiment in der Nacht vom 7. auf den 8. Februar zum ersten Male die Aufspaltung zeigte, ist jedoch kaum vorstellbar, dass diese Diskussionen für den Erfolg des Experimentes entscheidend waren. Die wenigen verbleibenden Stunden nach dem Treffen in Göttingen haben für einen größeren Umbau der Apparatur sicher nicht mehr ausgereicht. Stern hat Herschbach auch Anekdoten über die verschiedenen Wege der Sichtbarmachung des Silberfleckes erzählt. In Herschbach und Friedrich [28] wird z.B. die Bedeutung des Zigarrenrauchs bei der Entwicklung des Strahlfleckes beschrieben. Nach Stern schwärzte sich der zuerst unsichtbare Fleck im Zigarrenrauch. Die Zigarren der beiden Kettenraucher Stern und Gerlach enthielten viel Schwefel. Das so entstehende schwarze Silbersulfid konnte dann deutlich beobachtet werden. Wie weit eine Zigarre in der historischen Nacht eine Rolle gespielt hat, ist nirgendwo belegt. Stern war jedoch am Tag des Erfolges in Frankfurt auf keinen Fall dabei.

Wilhelm Schütz, der damals Doktorand bei Gerlach war und an diesem Experiment mitarbeiten durfte, beschreibt 1969 in seinen Erinnerungen an die Entdeckung des Stern-Gerlach-Effektes (den Nachweis der Richtungsquantelung) den Fortgang des Experimentes [34]: *Die alte Apparatur hatte gerade soviel hergegeben, dass man auf dem Auffänger – heute sagt man Target- eine Verbreiterung des Silberstrahles im inhomogenen Magnetfeld von der erwarteten Größenordnung erkennen konnte. Ein größerer Umbau mit dem Ziel einer weiteren Erhöhung des Auflösungsvermögens der Apparatur war erforderlich. Während des Umbaus siedelte O. Stern nach Rostock über, um dort die Professur für theoretische Physik zu übernehmen. Er tauchte aber von Zeit zu Zeit (Weihnachten 1921 und Ostern 1922) zu Besprechungen und zur Vermessung der Inhomogenität des Magnetfeldes im Frankfurter Institut auf. Während der Anwesenheit von Otto Stern schien der Meister Schmidt, der tüchtige Mechaniker, uns Doktoranden freundlicher gesonnen: vielleicht gab es dann für seine Pfeife einen besseren Tabak; es war beginnende Inflatíonszeit, und Otto Stern war immerhin schon richtiger Professor. Als bedauernswürdiger Nichtraucher, der ich auch damals schon war, habe ich nur ein gewisses Urteil über die Quantität des damals von den drei Herren* (Stern, Gerlach und Schmidt) *verkonsumierten Tabaks. Bald kam die Zeit, wo ich gelegentlich das Heiligtum betreten durfte, um einen Blick auf die Pumpen zu werfen, wenn Schmidt dienstfrei war und Prof. Gerlach schließlich doch einmal schlafen musste; meine Hauptbeschäftigung war natürlich die eigene Doktorarbeit. Wer es nicht miterlebt hat, kann sich gar nicht vorstellen, wie groß die Schwierigkeiten damals waren, in einer nicht ausheizbaren Apparatur mit verhältnismäßig viel nichtvakuumgeschmolzenem Metall und einem Öfchen zum Erhitzen des Silbers auf ca. 1300° K ein Vakuum von 10^{-5} Torr* [mbar] *herzustellen und stundenlang aufrecht zu erhalten. Gekühlt wurde mit Kohlensäureschnee und Azeton oder mit flüssiger Luft. Die Sauggeschwindigkeit der Gaede'schen Hg-Vorva-*

kuumpumpen und der Volmer'schen Hg-Diffusionspumpen war lächerlich gering im Vergleich zur Leistungsfähigkeit moderner Pumpen. Und dann die Zerbrechlichkeit; die Pumpen bestanden aus Glas, und nicht selten ging eine durch Stoßen des siedenden Quecksilbers – trotz Bleizugabe – oder durch Auftropfen von Kondenswasser zu Bruch. Dann war der Erfolg tagelangen Auspumpens zwecks Ausheizung des Öfchens vertan. Man war aber keineswegs sicher, dass das Öfchen nicht schließlich doch noch während der vier- bzw. achtstündigen Belichtungszeiten durchbrannte. Dann fing die Pumperei mit dem Ausheizen eines neuen Öfchens von vorne an. Es war eine Sisyphusarbeit, deren Hauptlast und Verantwortung auf den breiten Schultern von Prof. Gerlach lag. Insbesondere die Nachtwachen übernahm W. Gerlach. Er kam dann gegen 21 Uhr mit einem Packen von Sonderdrucken und Büchern. In der Nacht wurden die Korrekturen durchgelesen, Rezensionen und Aufsätze geschrieben, Vorlesungen vorbereitet, viel Kakao oder Tee getrunken und sehr viel geraucht. Wenn ich dann morgens wieder in das Institut kam, das vertraute Geräusch laufender Pumpen hörte und Gerlach noch da war, war das ein gutes Zeichen: Es war über Nacht nichts zu Bruch gegangen.

So kam ich eines Morgens im Februar 1922 ins Institut; es war ein herrlicher Morgen; Kaltlufteinbruch und Neuschnee! W. Gerlach war dabei, wieder einmal den Niederschlag eines Atomstrahls, der acht Stunden lang durch ein inhomogenes Magnetfeld gelaufen war, zu entwickeln. Erwartungsvoll verfolgten wir den Entwicklungsprozess und erlebten den Erfolg monatelangen Bemühens: Die erste Aufspaltung eines Silberstrahls im inhomogenen Magnetfeld. Nachdem Meister Schmidt und, wenn ich mich recht erinnere, auch E. Madelung die Aufspaltung gesehen hatten, ging es ins Mineralogische Institut zu Herrn Nacken, um den Befund mikrographisch festzuhalten. Dann erhielt ich den Auftrag, ein Telegramm an Herrn Professor Stern nach Rostock aufzugeben, dessen Text lautete: Bohr hat doch recht!

Ich wußte gar nicht schnell genug zum nahegelegenen Postamt in der Viktoria-Allee zu gelangen. Die Straßen waren inzwischen gefegt worden; der Neuschnee lag zu Wällen aufgehäuft an den Straßenrändern. Um auf dem kürzesten Weg mein Ziel zu erreichen, sprang ich über die

Schneewälle; die Leute müssen an meinem Verstand gezweifelt haben. Mir war es gleichgültig, ich war so glücklich, als hätte ich selbst eine große Entdeckung gemacht.

Durch Vergleich dieser Wetterangaben von Wilhelm Schütz mit den Aufzeichnungen des Wetteramtes [35] lässt sich die Nacht der Entdeckung genau bestimmen. Laut Wetterchronik hat es den ersten Neuschnee am Samstag, dem 4. Februar 1922, gegeben und die Temperatur lag bei minus 6°. Von Sonntag bis Dienstag hat es weiter leicht geschneit. Der Himmel war an diesen Tagen bewölkt und die Temperatur am Dienstag, dem 7. Februar, lag bei minus 13°. In der Nacht vom 7. auf den 8. Februar fiel die Temperatur weiter auf minus 17° und am Mittwochmorgen schien dann endlich wieder die Sonne. Mittwoch war ein kalter, aber herrlicher Wintertag. Nach der Schützschen Wetterbeschreibung kann der erste erfolgreiche Nachweis der Richtungsquantelung nur in der Nacht vom 7. auf 8. Februar1922 in den Räumen des Instituts für Theoretische Physik erfolgt sein. Die erste Beobachtung der Aufspaltung muss schon im Madelungschen Institut stattgefunden haben, denn erst danach ist man zur photographischen Dokumentierung ins Mineralogische Institut gegangen. Zur ersten Beobachtung wurde ein Mikroskop (Serien-Nr. 18771) benutzt, das Otto Stern 1919 von der Fa. W&H Seibert/Wetzlar erworben hatte und das er später mit in die USA genommen hatte.

Bild 17 Otto Sterns Originalmikroskop

Dieses Mikroskop wurde in der Garage der Familie Templeton in El Cerrito/CA aufbewahrt und wurde am 24.01.2009 von Lieselotte Templeton der Nichte von Otto Stern an die Autoren dieses Buches übergeben, damit es wieder in den Originalräumen in Frankfurt (in Zukunft Teil des Senckenbergmuseums) zusammen mit dem Nachbau des Originalexperimentes von der Öffentlichkeit besichtigt werden kann.

Das Telegramm, das Wilhelm Schütz an Otto Stern nach Rostock schickte, ist nicht erhalten geblieben (im Nachlass von Otto Stern in der Bancroft Library in Berkeley [6] befindet es sich jedenfalls nicht). Sofort nach der Entdeckung wurde aber auch eine Postkarte an Niels Bohr geschickt. Walter Gerlach schreibt auf dieser Postkarte: *Hochverehrter Herr Bohr, anbei die Fortsetzung unserer Arbeit (siehe Zeitschrift f. Physik VII, Seite 110 1921). Der experimentelle Nachweis der Richtungsquantelung (Silber ohne Magnetfeld, mit Feld). Wir gratulieren zur Bestätigung Ihrer Theorie. Mit hochachtungsvollen Grüßen Ihr ergebenster Walther Gerlach. (Frankfurt, 8.II. 1922).* Am 1. März reichten Walther Gerlach und Otto Stern ihre berühmte Arbeit über: „*Der experimentelle Nachweis über die Richtungsquantelung im Magnetfeld*" bei der Zeitschrift für Physik [36] ein. Dort werden die auf der Postkarte zu sehenden Glasplättchenaufnahmen vorgestellt. Ohne Magnetfeld sieht man keine Ablenkung und nur die Abbildung der Spaltöffnung. Mit Magnetfeld sieht man einen Fleck, der einem Kuss ähnelt. Da der Strahl durch einen Spalt ausgeblendet wurde, der wesentlich breiter als die Spitze der Magnetschneide war, wurde der Strahl nur direkt unter der Schneide aufgespalten und zur Seite hin nicht. Die spitze Ausbuchtung

Bild 18 Gerlachs Postkarte vom 8. Februar 1922 an Niels Bohr (26+28); Vorderseite; Rückseite rechts

des Strahlflecks zur Schneide hin entsteht dadurch, dass an dieser Stelle die Inhomogenität des Magnetfeldes am größten ist.

Walther Gerlach und Otto Stern beschreiben in ihrer Publikation die Aufnahmen wie folgt: *Die Aufnahmen zeigen, dass der Silberstrahl im inhomogenen Magnetfeld in der Richtung der Inhomogenität in zwei Strahlen aufgespalten wird, deren einer zum Schneidenpol hingezogen, deren anderer vom Schneidepol abgestoßen wird. Es sind keine unabgelenkten Atome nachweisbar. Wir erblicken in diesen Ergebnissen den direkten experimentellen Nachweis der Richtungsquantelung im Magnetfeld* [36].

Das Stern-Gerlach-Experiment hatte damit eindeutig bewiesen: die Richtungsquantelung der inneren magnetischen Momente von Atomen existierte wirklich. Das Postulat der Richtungsquantelung von Peter Debye und Arnold Sommerfeld entsprach einer reellen, physikalisch nachweisbaren Eigenschaft der Quantenwelt, obwohl es dem „gesunden Menschenverstand" völlig widersprach. Es gibt also die Fernwirkung zwischen Beobachter und Quantenobjekt. Egal in welcher Richtung der Experimentator zufällig sein Magnetfeld erzeugte, die Atome „kennen" diese Richtung.

Die andere wichtige Frage war, in welche und wie viele Richtungen stellen sich diese magnetischen Momente ein. Da Bohr in Übereinstim-

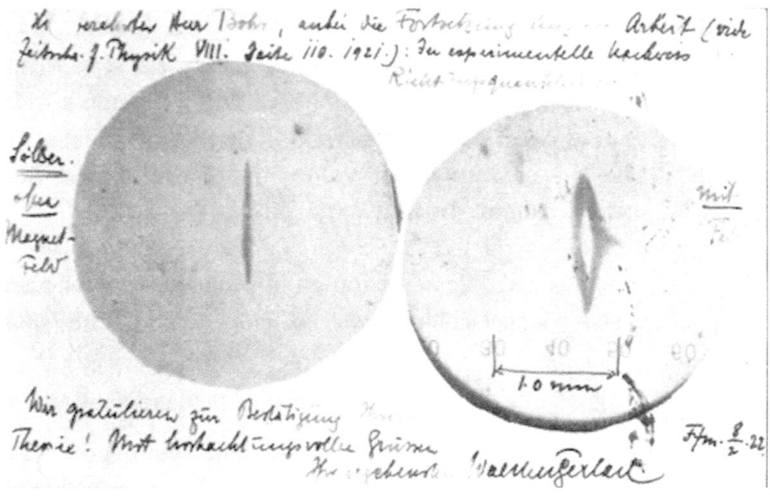

mung mit dem Experiment eine Dublettaufspaltung vorausgesagt hatte, schien allen klar zu sein, dass Bohr recht und Sommerfeld unrecht hatte. Vermutlich haben das 1922 alle Physiker angenommen. Wie wir heute wissen, hatten weder Bohr noch Sommerfeld recht. Der damals noch unbekannte Elektroneneigendrehimpuls, der sogenannte Elektronenspin, war die Ursache für diese Dublettaufspaltung. Einer, der es damals aber schon hätte ahnen können, was die Beobachtung der Dublettstruktur im Stern-Gerlach-Experiment physikalisch wirklich bedeutete, „schwieg" dazu. Zumindest ist von ihm keine Stellungnahme zu diesem Messergebnis überliefert. Dieser Mann war der junge Alfred Landè. Landè hatte 1919 sich in Frankfurt mit Borns Unterstützung habilitiert und war um die Jahreswende 1920/21 von Heppenheim nach Frankfurt umgezogen. Es ist nicht unwahrscheinlich, dass er an diesem historischen Morgen sogar Zeuge dieser Entdeckung war. Warum hätte Alfred Landè die richtige Erklärung finden können? Ihm war es 1921 gelungen, in zwei kurz aufeinanderfolgenden Publikationen die Multiplettstrukturen des Zeeman-Effektes mit Hilfe seiner semiempirisch abgeleiteten g-Faktor-Formel zu beschreiben [29]. Diese Formel enthält die richtige Erklärung für das Auftreten einer Dublettaufspaltung. Die große Bedeutung der Landèschen Formel wurde erst Jahre später verstanden. Vermutlich hat Landè 1922 selbst nicht gewusst, dass er eine wichtige Erkenntnis der späteren Quantentheorie hier schon gefunden hatte. Selbst Born, der mit Landè das Arbeitszimmer teilte, hatte die Bedeutung dieser Landèschen Formel unterschätzt.

Max Born beschreibt die Arbeit Alfred Landès so [22]: *So weit ich mich erinnere, waren die Multipletts und der Zeeman-Effekt und diese Dinge die wichtigsten Anzeichen der Krise (in der klassischen Physik). Wir nannten dies die Zoologie der (Multiplett-)Terme. Landè kam in mein Institut. Ich weiß nicht genau wann. Er war mein Student in Göttingen. Dann kam er nach Frankfurt und sein Kopf war voll mit einer Arbeit, die ich anfangs nicht verstand. Es waren diese vielen Zahlenverhältnisse von Multiplettlinien und den Zeeman-Aufspaltungen. Er arbeitete auf eine Weise, die mir furchtbar erschien, nämlich einfach durch Raten und Probieren mit den numerischen Werten. Er schrieb lange Listen von Zahlen, die alle sich aus einer universellen Formel ergeben sollten...*

Wie konnte diese konstruiert werden? Er versuchte die unmöglichsten Dinge. Und zum Schluss fand er diese Formel. Eine Formel, welche alle Ergebnisse ergab, die er wünschte. Ich konnte es nicht überprüfen. Ich kann niemals numerische Berechnungen durchführen. So nahm ich wenig Notiz von ihm und er nicht von unserer Arbeit, obwohl wir all die Zeit im gleichen Zimmer saßen. Aber zwei oder drei Jahre später, als wir diese Formel aus der neuen Quantentheorie ableiteten, da sahen wir, wie wichtig seine Formel war. „Teile" dieser Formel hatte schon der Holländer Ornstein gefunden, aber nicht für die Multipletts. Ich glaube, dieser Ausdruck für den g-Faktor wurde zuerst von Landè aufgestellt. (Originaltext des Interviews in Englisch findet man im Anhang C).

Heute wissen wir, dass die Zeeman-Multipletts und die Aufspaltung des von Gerlach und Stern gemessenen Silberstrahls (Ablenkwinkel der Silberatome) identische physikalische Ursachen haben, nämlich die innere Energieniveaustruktur der Atome im Magnetfeld und nur durch die nichtklassische Quantentheorie erklärt werden können. Landè hätte aber nur seine Analyse zur Dublettaufspaltung im Zeeman-Effekt auf den Stern-Gerlach-Versuch übertragen müssen, dann hätte er entdecken können, dass es im Atom noch eine andere Quelle für magnetische Momente gibt als das auf einer Bahn umlaufende Elektron.

Nach der Vorstellung der klassischen Physik kann ein magnetisches Moment nur durch einen elektrischen Strom, das heißt, ein auf einer Bahn umlaufendes Elektron (Kreisstrom) erzeugt werden. Das permanente magnetische Moment eines Atoms wird also durch ein ewig auf einer Bohrschen Kreisbahn umlaufendes Elektron erzeugt, ähnlich dem Strom in einer supraleitenden Magnetspule. Nach Bohr hat das „umlaufende" Elektron auf der innersten Bahn den Drehimpuls $h/2\pi$ (h ist die Planckkonstante). Wie der Impuls so ist auch der Drehimpuls eine Eigenschaft, die die Bewegung von Massen in Kraftfeldern kontrolliert. Wie wir heute wissen, bestimmt der Drehimpuls weitgehend die Quanteneigenschaften von Atomen und Molekülen. Nach dem Bohrmodell und der späteren Quantentheorie können die Drehimpulse von „umlaufenden" Elektronen in Atomen nur Vielfache (ganze Zahlen) dieser Größe $h/2\pi$ sein. Der Vektor des magnetischen Momentes kann dann klassisch betrachtet sich nur parallel oder antiparallel zum äußeren

Magnetfeld einstellen, da das Elektron nur rechts oder links herum laufen kann. Nach der semi-empirischen Landè-Formel stellt sich aber das magnetische Moment eines auf einer Bohrschen Bahn umlaufenden Elektrons mit Drehimpuls h/2π in drei Raumrichtungen im Magnetfeld ein, d.h. nach oben und unten sowie unter 90° zum Magnetfeld (in der klassischen Physik nicht erklärbar). Es ergibt dann eine Triplettstruktur, wie sie von Sommerfeld vorausgesagt wurde.

Nach Landès g-Faktorformel kann eine Dublettaufspaltung nur auftreten, wenn das innere magnetische Moment durch einen Drehimpuls von ½ h/2π mit einem g-Faktor von 2 gebildet wird. Erst Paul Dirac hat 1928 mit Hilfe der relativistischen Quantenphysik den g-Faktor „zwei" erklären können. Klassisch kann man sich eine Quelle für einen Drehimpuls von ½ h/2π im Innern eines Atoms nicht vorstellen. So einen „halben" Drehimpuls konnte es für Elektronen auf diskreten Bohrschen Bahnen niemals geben. Wenn dieser aber nicht aus dem Umlauf des Elektrons kommen kann, dann kann er nur eine innere Eigenschaft des Elektrons selbst sein, so hätte Landè folgern können. Erst Ralph de Laer Kronig und dann George Eugene Uhlenbeck und Samuel Abraham Goudsmit hatten 1925 den Mut, dies zu postulieren, nämlich dass das Elektron selbst noch einen inneren Drehimpuls, den sogenannten Spin haben muss mit ½ h/2π. Dieser Elektronenspin spielt für die Besetzung der Elektronenschalen und damit für den Aufbau und die Bindung der Moleküle eine fundamental wichtige Rolle. Seine Entdeckung 1925 war eine große Sensation. Allgemein werden Uhlenbeck und Goudsmit als die Entdecker des Elektronspins gefeiert. Kronig, ein Mitarbeiter von Landè (Landè wurde im Herbst 1922 als Extraordinarius nach Tübingen berufen), war jedoch vor ihnen auf diesen Gedanken gekommen. Doch Kronig hatte den Fehler begangen, die großen Physiker Pauli und Heisenberg um Rat zu fragen. Pauli hat ihm natürlich einen „solchen Unsinn" ausgeredet. Unter den Physikern erzählt man sich daher noch heute den Vers: *Der Kronig hätt den Spin entdeckt, hätt Pauli ihn nicht abgeschreckt.*

Aus dem Brief von Max Born und James Franck an das Nobelkommittee im Jahre 1927 geht hervor, dass Arthur Compton schon 1920/21 in der Publikation „The magnetic electron" im „Journal of the Franklin

Institute", Bd. 192, 2, Page 142-155 (August 1921) ein eigenes magnetisches Moment für das Elektron gefordert hat.

Auf jeden Fall hätte man 1922 in Frankfurt drei Jahre vor Kronig die Chance gehabt, den Elektronenspin zu entdecken, wenn man das Ergebnis des Stern-Gerlach-Versuchs im Sinne der Landèschen Formel ausgewertet hätte. Wären Born und Stern in Frankfurt geblieben, hätte es sicher rege Diskussionen im Institut über die Ergebnisse des Stern-Gerlach-Experiments gegeben. Damit wäre die Chance sehr hoch gewesen, schon 1922 die wirklichen Gründe für die beobachtete Dublettaufspaltung zu erkennen. Erst als Ronald Fraser 1927 zeigen konnte, dass der Bahndrehimpuls des Silberatoms im Grundzustand Null war, wurde klar, dass die Dublettaufspaltung im Stern-Gerlach-Experiment dem Spin des Elektrons zuzurechnen war [28]. Die Ergebnisse des Stern-Gerlach-Experiments sind bis heute aktuell geblieben und werden noch immer diskutiert und hinterfragt. In jedem Lehrbuch zur Quantenphysik wird das Stern-Gerlach-Experiment beschrieben. Damals waren natürlich alle Physiker sehr daran interessiert zu erfahren, wie nun die genaue Aufspaltung aussah. Niels Bohr schrieb an Gerlach [37]: *Ich sollte Ihnen sehr dankbar sein, wenn Sie oder Herr Stern mir mit einigen Zeilen freundlich mitteilen wollen, ob Sie Ihre Experimente dahin deuten, dass die magnetische Achse des Silberatoms immer parallel zu dem Felde steht und nicht senkrecht zu diesem stehen kann, für welches letztere Behauptung auch theoretische Gründe geben kann.* James Franck schrieb: *Wichtiger ist aber, ob wirklich nunmehr die Richtungsquantelung bewiesen ist. Schreiben Sie außer Ihrem Rebus auch mal, was nun wirklich los ist.* Friedrich Paschen stellte fest: *Ihr Versuch beweist zum ersten Mal die Realität von Bohrschen Zuständen.*

Viele Physiker waren überrascht, dass es die Richtungsquantelung wirklich gab. Stern selbst hatte überhaupt nicht an sie geglaubt. Wolfgang Pauli schrieb an Gerlach: *Jetzt wird wohl auch der ungläubige Stern von der Richtungsquantelung überzeugt sein.* Arnold Sommerfeld bemerkte dazu: *Durch ihr wohldurchdachtes Experiment haben Stern und Gerlach nicht nur die Richtungsquantelung im Magnetfeld bewiesen, sondern auch die Quantennatur der Elektrizität und ihre Beziehung zur Struktur der Atome.* Albert Einstein schrieb: *Das wirklich interessante Experiment in der Quantenphysik ist das Experiment von Stern und Gerlach. Die Ausrichtung der Atome ohne Stöße durch Strahlung kann nicht durch die bestehenden Theorien erklärt werden. Es sollte mehr als 100 Jahre dauern, die Atome auszurichten.* Doch Stern selbst war auch nach dem Experiment keineswegs von der Richtungsquantelung überzeugt. In seinem Züricher Interview 1961 [5] sagte er: *Das wirklich interessante kam ja dann mit dem Experiment, das ich mit Gerlach zusammen gemacht habe, über die Richtungsquantelung. Ich hatte mir immer überlegt, dass das doch nicht richtig sein kann, wie gesagt, ich war immer noch sehr skeptisch über die Quantentheorie. Ich habe mir überlegt, es muss ein Wasserstoffatom oder ein Alkaliatom im Magnetfeld Doppelbrechung zeigen. Man hatte ja damals nur das Elektron in einer Ebene laufend und da kommt es ja darauf an, ob die elektrische Kraft, das Feld in der Ebene oder senkrecht steht. Das war ein völlig sicheres Argument meiner Ansicht nach, da man es auch anwenden konnte auf ganz langsame Änderungen der elektrischen Kraft, ganz adiabatisch. Also das konnte ich absolut nicht verstehen. Damals hab ich mir überlegt, man kann doch das experimentell prüfen. Ich war durch die Messung der Molekulargeschwindigkeit auf Molekularstrahlen eingestellt und so hab ich das Experiment versucht. Da hab ich das mit Gerlach zusammen gemacht, denn das war ja doch eine schwierige Sache. Ich wollte doch einen richtigen Experimentalphysiker mit dabei haben. Das ging sehr schön, wir haben das immer so gemacht: Ich habe z.B. zum Ausmessen des elektrischen Feldes* [Magnetfeldes] *eine kleine Drehwaage gebaut, die zwar funktionierte, aber nicht sehr gut war. Dann hat Gerlach eine sehr feine gebaut, die sehr viel besser war. Übrigens eine Sache, die ich bei der Gelegenheit hier betonen möchte, wir haben damals nicht genügend zitiert die Hilfe, die der Madelung uns gegeben hat. Damals war der Born schon weg, und sein Nachfolger war der Madelung. Madelung hat uns im Wesentlichen das magnetische Feld mit der Schneide suggeriert. Aber wie nun das Experiment ausfiel, da hab ich erst recht nichts verstanden, denn wir fanden ja dann die diskreten Strahlen und trotzdem war keine Doppelbrechung da. Wir haben extra noch einmal Versuche gemacht, ob doch noch etwas Doppelbrechung da war. Aber wirklich nicht. Das war absolut nicht zu verstehen. Das ist auch ganz klar, dazu braucht man nicht nur die neue Quantentheorie, sondern gleichzeitig auch das magnetische Elektron. Diese zwei Sachen, die damals noch nicht da waren. Ich war völlig verwirrt und wusste gar nicht, was man damit anfangen sollte. Ich habe jetzt noch Einwände gegen die Schönheit der Quantenmechanik. Sie ist aber richtig.*

Albert Einstein und Paul Ehrenfest haben schon im Mai 1922 in [38] vergebens versucht, eine nach der klassischen Physik erlaubte Erklärung für die beobachtete Richtungsquantelung zu finden. Sie stellten fest, dass das Experiment ein sehr bedeutendes Resultat liefert, und sich daher die Frage stellt, auf welche Weise die Atome ihre Orientierung im Raum beim Durchflug durch das Magnetfeld erhalten. Wie oben schon diskutiert, kann man die aus der klassischen Physik bekannten magnetischen Wechselwirkungen ausschließen, da sie nur eine Larmor-Präzession (Kreisbewegung) mit unveränderter Ausrichtung der Magnetachse erzeugen. Einstein und Ehrenfest diskutieren, welchen Einfluss von außen induzierte Strahlungsübergänge auf die Ausrichtung der magnetischen Momente haben? Auch hier kommen Einstein und Ehrenfest zum Schluss, dass diese Effekte bei den vorhandenen Magnetfeldstärken viel zu lange dauern würden, um bei diesen extrem kurzen Durchflugzeiten der Atome im ca. 3cm langen Magnetfeld alle Atome entweder parallel oder antiparallel zum Magnetfeld auszurichten. Alternativ stellten sie fest, dass Atome grundsätzlich immer nur richtungsquantisiert vorkommen könnten und diese Richtungen im Stern-Gerlach-Experiment durch Stöße der Atome im Öfchen festgelegt werden. Das dort vorhandene evtl. sehr schwache Magnetfeld bestimmt die Richtungen. Diese Erklärung und noch andere von Einstein und Ehrenfest diskutierte Möglichkeiten werden letztlich von beiden ausgeschlossen. Ohne befriedigende Erklärung für das Ergebnis des Stern-Gerlach-Versuches endet die Veröffentlichung. Wir wissen heute, dass unabhängig von einem eventuellen Feld im Öfchen, nur die Magnetfeldrichtung im Stern-Gerlach-Magneten die Richtungen der Quantelung bestimmt. Dreht der Experimentator den Magneten in eine andere Richtung, dann dreht sich entsprechend auch die Richtungsquantelung. Wie oben schon ausgeführt, es existiert in der Quantenwelt eine „bis heute unverstandene Fernbeziehung“ zwischen

Beobachter und Quantenobjekt, so dass der Beobachter nur quantisierte Projektionen des Objektes beobachten kann.

Otto Stern kam in den Osterferien 1922 von Rostock nach Frankfurt, um die Messungen mit Gerlach fortzusetzen. Es gelang ihnen, das magnetische Moment des Silberatoms mit guter Genauigkeit zu bestimmen. Am 1. April haben Walther Gerlach und Otto Stern darüber eine Veröffentlichung bei der Zeitschrift für Physik eingereicht [39]. Innerhalb einer Fehlergrenze von 10% stimmte das gemessene magnetische Moment mit einem Bohrschen Magneton überein.

Damit waren Otto Sterns experimentelle Tätigkeiten in Frankfurt beendet. Obwohl Stern nur eine kurze Zeit von Anfang 1919 bis zum Oktober 1921 in Frankfurt sein konnte, hat er wichtige Pionierarbeit für die Quantenphysik geleistet. Berücksichtigt man außerdem, dass es nach dem ersten Weltkrieg an Geld fehlte, um die notwendigen Apparaturen kaufen zu können, dann kann man Otto Sterns wissenschaftliche Ernte in Frankfurt nur mit Bewunderung betrachten. Stern gelangen in Frankfurt drei fundamental wichtige Pionierexperimente: 1. Die Messung der Maxwellschen Molekulargeschwindigkeit, was die Grundlage zur Entwicklung der MSM wurde 2. Das Stern-Gerlach-Experiment mit dem Nachweis der Richtungsquantelung und 3. Die Messung des magnetischen Momentes des Silberatoms. Alle drei Experimente haben jedes für sich Nobelpreisqualität!

Damit war auch Otto Sterns Zusammenarbeit mit Walther Gerlach beendet. Beide haben einander viel zu verdanken, denn es würde wahrscheinlich nie ein Stern-Gerlach-Experiment gegeben haben, wenn sich dieses Duo nicht gefunden hätte: Stern mit seinen kreativen Ideen und Gerlach der talentierte Experimentator, dem fast alles gelang. Stern und Gerlach haben sich in den folgenden Jahren bis 1933 noch öfters getroffen, haben aber fast keine Briefe miteinander ausgetauscht. In Sterns Nachlass gibt es einen Gerlachbrief aus den zwanziger Jahren und im Gerlachnachlass im Deutschen Museum in München nur eine Postkarte von Stern aus Sterns Rostocker Zeit. Später haben sie sich noch einmal in den sechziger Jahren in Zürich getroffen.

Die Frankfurter „*Sternstunden*“ der Physik waren mit dem Weggang Sterns leider beendet. Eine besondere Würdigung dieser Epoche und deren Bedeutung für die Entwicklung der Quantenphysik wurde von Walther Gerlach in seinem Vortrag am 2. März 1960 im Physikalischen Verein Frankfurt gegeben: *Ich darf meine Bemerkungen schließen mit einer Erinnerung an eine Periode der Atomistik, die vor genau 40 Jahren in diesem Institut sich abspielte. Wenn man pedantisch sein will, so kann man sagen, dass die indirekte Bestätigung der materiellen Atomistik eben kein direkter Beweis ist. Es fehlte in der Tat eine direkte Bestimmung der grundlegenden Größen in der Atomistik: die Messung der Temperaturgeschwindigkeit der Atome oder Moleküle, die Bestimmung der Geschwindigkeitsverteilung, der freien Weglänge und der Stoßzahl der Moleküle in einem Gase. Um 1910 hatte der französische Physiker Dunoyer die Methode der sogenannten Atom- oder Molekularstrahlen experimentell entwickelt. Darunter versteht man Atome, welche etwa aus einem geheizten Dampfraum durch eine sehr kleine Öffnung geradlinig in einen hochevakuierten Raum fliegen. Hier im Institut haben Max Born, Elisabeth Bormann und vor allen Dingen Otto Stern 1920 diese Idee aufgegriffen und die Methode der Atomstrahlen experimentell entwickelt. Das war damals ein Wagnis, denn die Mittel zur Herstellung eines sehr hohen Vakuums waren noch äußerst beschränkt. Immerhin gelang es, alle Größen unmittelbar zu messen. Stern gelang die Messung der mittleren Geschwindigkeit der Atome, Born und Bormann maßen ihre mittlere freie Weglänge, und in späteren Jahren gelang Stern auch, die Geschwindigkeitsverteilung in einem Atomstrahl zu messen.*

Es gelang weiter in diesem Institut mit Hilfe der Atomstrahlen die Richtungsquantelung nachzuweisen, der erste Versuch, in dem ein durch die Quantentheorie gegebener Zustand des Atomes unmittelbar der Messung zugänglich wurde. Eigentlich darf man erst von dieser Zeit sagen, dass sie die endgültige Bestätigung der klassischen Atomistik gebracht hat. Denn schließlich ist die Physik eine Experimentalwissenschaft, die, soweit als möglich, jeden von ihr gebrauchten Begriff auch mit dem Experiment untersuchen muss. Ich darf an eine scherzhafte Episode aus dieser Zeit erinnern: Ein zweifellos nicht voreingenommener Physiker, Peter Debye, bezeichnete einmal alle diese Messungen über Geschwindigkeit, Geschwindigkeitsverteilung und freie Weglänge von Atomen als unnötig, da ja doch kein Mensch zweifele, dass es so ist, wie es aus der Theorie folgt. Dass diese Atomstrahlmessungen nicht nur die alte klassische Atomistik abgeschlossen haben, sondern auch etwa durch den Sternschen Nachweis der Beugung von Atomen in die moderne Quantenmechanik eindrangen, sei abschließend nur erwähnt: noch nie hat sich eine bis ins letzte durchgearbeitete experimentelle Methode nicht auch noch auf irgendeinem anderen Gebiet als der Schlüssel zu neuer Erkenntnis gezeigt.

Wie erinnert sich und wie dankt Frankfurt heute seinen berühmten Forschern Otto Stern und Walther Gerlach? Der im Jahre 1824 gegründete Physikalische Verein, der älteste Deutschlands, hat Otto Stern schon 1931 zu seinem Ehrenmitglied ernannt, zwei Jahre nach der Ernennung Albert Einsteins. Walther Gerlach wurde 1949 Ehrenmitglied des Physikalischen Vereins. Der Fachbereich Physik und damit die Johann Wolfgang Goethe-Universität haben lange gebraucht, um sich ihrer großen Wissenschaftler wieder zu erinnern.

Bruno Lüthi, Ordinarius im Physikalischen Institut der Goethe Universität, war der erste, der an Otto Stern im Fachbereich Physik wieder erinnerte. Er hat in den achtziger Jahren den Seminarraum in seinem Institut nach Otto Stern benannt. Erst anlässlich des 80. Jahrestages des Stern-Gerlach-Experimentes im Februar 2002 erinnerte sich der Fachbereich Physik der Universität Frankfurt daran, welch großen Schatz dieses Vermächtnis darstellt. Die Nobelpreisträger Dudley Herrschbach/Harvard und Richard Ernst/ETH-Zürich ließen in zwei Festvorträgen

Bild 19 Gedenktafel am Physikalischen Verein in der Robert-Mayer-Str. 32 in Frankfurt.

Otto Sterns und auch Walther Gerlachs Wirken wieder lebendig werden. An diesem Tag wurde auch eine Gedenktafel enthüllt, die am Physikalischen Institut in der Robert-Mayer-Straße montiert wurde (Abb. 19). Der Fachreich beschloss wenige Jahre später auf dem neuen Campus am Riedberg, das dortige Experimentierhallenzentrum mit den Beschleunigern „Stern-Gerlach-Zentrum" zu nennen.

2004 wurden dem Fachbereich Physik außerdem Bilder übereignet, die Stern und Gerlach als auch von Laue und Max Born zeigen. Die Bilder wurden von Jürgen Jaumann [41] gemalt. Die Bilder hängen heute im Vorraum zum großen Physikhörsaal auf dem Campus Riedberg. Auf eine Besonderheit des Stern-Gerlach-Bildes soll hier noch hingewiesen werden, Das Bedeutende des Stern-Gerlach-Experimentes, nämlich die beobachtete Richtungsquantelung mit der Dublettaufspaltung, im Bild symbolisch dargestellt, wurde vom Münchener Nobelpreisträger Theo Hänsch entworfen.

2010 hat schließlich das Präsidium der Goethe-Universität beschlossen, das neue Hörsaal- und Bibliothekszentrum auf dem Campus Riedberg nach Otto Stern zu benennen.

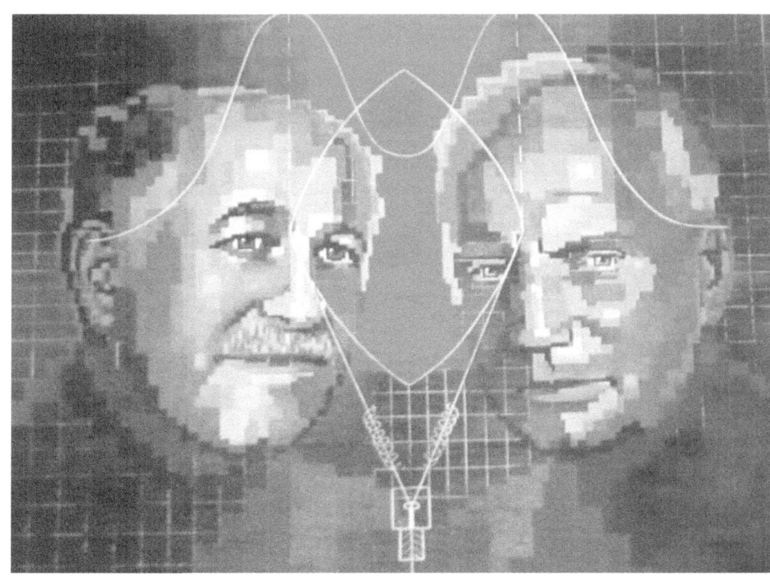

Bild 20 Otto Stern und Walther Gerlach, Gemälde von Jürgen Jaumann (41)

VIII. Otto Sterns Rostocker Episode (1921-1922)

Die Universität Rostock hatte Otto Stern im Oktober 1921 als theoretischen Physiker auf ein Extraordinariat berufen. Diese Stelle war 1920 als erste Theorieprofessur in Rostock geschaffen worden. Wilhelm Lenz (später Hamburg) war Sterns Vorgänger. Als theoretischer Physiker verfügte Stern über keine Ausstattung. In Rostock hatte Stern kaum Geld und Apparaturen für Experimente, dementsprechend konnte er in diesen fünfzehn Monaten fast nur die schon besprochenen Experimente mit Gerlach in Frankfurt durchführen. In dieser Rostocker Zeit hat Stern nur eine einzige Publikation veröffentlichen können: „Über den experimentellen Nachweis der räumlichen Quantelung im elektrischen Feld“ [42]. Sie stellt eine rein theoretische Arbeit dar. In dieser Arbeit wird das Verhalten der elektrischen atomaren Dipolmomente im inhomogenen Feld (inhomogener Starkeffekt) und deren Analogie zum Zeeman-Effekt untersucht.

Erwähnenswert ist auch, dass Stern hier mit Immanuel Estermann seinen wichtigsten Mitarbeiter fand. Der in Berlin geborene Estermann, der kurz zuvor seine Dissertation bei Max Volmer in Hamburg beendet hatte, kam in Rostock in Sterns Gruppe und arbeitete mit Stern bis zu dessen Emeritierung 1945 in Pittsburgh zusammen. In der Rostocker Zeit untersuchten Estermann und Stern mit einer einfachen Molekularstrahlapparatur Methoden der Sichtbarmachung dünner Silberschichten. Dabei wurden Nassverfahren als auch Verfahren von Metalldampfabscheidung auf sehr dünnen Schichten angewandt. Es gelang ihnen, noch Schichtdicken von nur zehn atomaren Lagen sichtbar zu machen. Diese Arbeit wurde dann aber erst 1923 in Hamburg von Estermann und Stern [43] publiziert.

Im Züricher Interview beschrieb Otto Stern seine Rostocker Zeit: *Inzwischen kam ich dann nach Rostock als Extraordinarius für theoretische Physik. ..über Rostock wäre eine Reihe persönlicher Sachen zu sagen. Damals schon, obwohl es offiziell noch keine Nationalsozialisten gab, war die Fakultät sehr nationalistisch eingestellt. Es war ganz altertümlich. Die Fakultät war eine Philosophische Fakultät. Da war noch alles zusammen, Philosophie und Philologie. Die ganze Fakultät musste, wenn eine Doktorarbeit zirkuliert wurde, unterschreiben, ob sie die als genügend erachtet.*

Im Übrigen *konnte ich dort nicht sehr viel machen, weil es erstens kein sehr schönes Institut war, ein sehr kümmerliches Institut und zweitens weil ich furchtbar viel mit den Vorlesungen zu tun hatte. Ich musste ja die große Vorlesung über theoretische Physik lesen, wozu ich jeden Abend mich hinsetzte, um das Kolleg zu präparieren und dann so gegen Mitternacht, da sah ich, dass ich gar nichts mehr verstand. Dann kochte ich mir einen sehr starken Kaffee und schließlich ging es so allmählich. Und später, wie ich dann nach Hamburg kam, konnte ich nie einschlafen, ohne vorher einen ganz starken Kaffee zu trinken. Schließlich kam ich aus Rostock weg, indem ich einen Ruf nach Hamburg bekam als Professor für Physikalische Chemie.*

Und da war auch noch eine sehr schwierige Sache, sehr bezeichnend, das war nämlich so: die Universität konnte nicht direkt mit dem Minister verkehren, sondern da war ein Kurator. Da hat die Fakultät meinen Nachfolger vorgeschlagen. Da hat der Kurator gesagt, das geb ich nicht weiter, bevor der Stern nicht resigniert hat. Da hat die Fakultät gesagt, der Stern kann nicht resignieren, bevor nicht die Frage der Nachfolge geregelt ist. Das war also ein vollständiges, äh, wie nennt man das (Interviewer: Deadlock), *Deadlock, ja. Schließlich wurde mir die Sache zu dumm, ich bin nach Schwerin zum Ministerium gefahren, der Kultusminister war ein sehr netter Mann, und habe dem das auseinandergesetzt und der hat dann erreicht, dass ich zum ersten Januar 1923 nach Hamburg kam. Das Datum ist ja so ungewöhnlich, aber das hängt ja mit dieser Sache zusammen. In Hamburg bin ich angetreten am 1. Januar 1923 und das war insofern günstiger, als ich eben nicht theoretische Physik zu lesen brauchte, sondern, naja, ich war ja noch nie richtig in theoretischer Physik ausgebildet. Und –* (Interviewer: nur von Einstein) – *ja nur von Einstein. Ich hab ihnen ja erzählt, wie die Vorlesungen von Einstein waren und ich habe ja nur ein paar gehört. Nicht wahr. Er war ja nur 3 Semester in Zürich, in der Zeit konnte er ja doch nicht die ganze theoretische Physik lesen. Naja. Aber immerhin, ich hab einiges gelernt bei Einstein. Ich hab halt versucht, mir das beizubringen, soweit das ging. Bezeichnend war, als ich mich von dem Kurator verabschiedete und ihm sagte, mein Nachfolger, das war der Schottky, das ist ein sehr guter Mann. O weh sagte er, hoffentlich nicht zu gut, sonst geht er uns gleich wieder weg.* (Interviewer: Wie lange war der Schottky denn da?) *Das weiß ich nicht genau, aber nicht sehr lange. Sein Nachfolger wurde dann der ... na, ist ja furchtbar mit mir, ich hab den Namen vergessen, ich kenne ihn sehr gut, er hat in Quantentheorie sehr schön die allgemeinen Transformationen gemacht* (Interviewer: der Jordan) *ja der Jordan, Pascal Jordan. Ja sehn Sie, es war so, wie Hitler kam, da veröffentlichte er einige sehr kriegerische Bemerkungen. Da wurde er von den Physikern, den ausgewanderten Physikern sehr beschimpft. Ich habe ihn dann in Kopenhagen getroffen bei einer Party bei Bohr und ich erinnere mich, dass ich im Bohrschen Garten ihn so bei Seite nahm und ihn verhört habe, wie die Sache nun ist. Da sagte er mir: Hörn sie, sie waren doch in Rostock, sie wissen doch wie es dort zugeht. Ich könnt dort gar nicht leben, wenn ich das nicht machte. Und er hatte völlig recht. Er hatte geheiratet inzwischen und hatte ein Kind oder Kinder. Naja, man konnte es ihm nicht so übel nehmen. Er hatte eine Schwierigkeit, er stotterte nämlich furchtbar* [5].

Da 1921 der einzige Rostocker Ordinarius der Physik, der Experimentalphysiker Adolf Heydweiller emeritiert wurde, musste Otto Stern während seiner Rostocker Zeit auch die Funktion des Institutsdirektors übernehmen.

Nicht uninteressant ist noch, dass Sterns unmittelbare Nachfolger in Rostock ausnahmslos in der Physik einen großen Namen haben: auf Stern folgte für ca. fünf Jahre der Festkörperphysiker Walter Schottky, dann für ca. zwei Jahre Friedrich Hund sowie von 1929 bis 1944 Pascual Jordan.

IX. Otto Sterns glückliche Hamburger Zeit (1923-1933)

Die 1919 neugegründete Hamburger Universität hatte ein Extraordinariat für Physikalische Chemie geschaffen, auf das am 30. Juni 1920 Max Volmer berufen worden war. Volmer nutzte seit 1922 Räume im Physikalischen Staatsinstitut, in dem die räumlichen und apparativen sowie die personellen Bedingungen aber auch die finanziellen Mittel unbefriedigend waren. Die Geräte waren größtenteils aus dem Chemischen Institut ausgeliehen oder mussten selbst hergestellt werden. Als Volmer 1922 einen Ruf auf ein Ordinariat für Physikalische und Elektrochemie an die TU-Berlin erhielt, verließ er zum 1. Oktober 1922 Hamburg und trat seine neue Stelle in Berlin an.

Auf Bemühen Volmers war aber dieses Extraordinariat 1923 in ein Ordinariat umgewandelt worden. Auf Betreiben des Hamburger theoretischen Physikers Wilhelm Lenz wurde Otto Stern dann diese Stelle angeboten. Die Hamburger Berufungsverhandlungen 1922 hatten Otto Stern keine günstige Startposition verschafft. Da er von einem Extraordinariat kam, gab es in Rostock keine Bleibeverhandlungen und Stern war gezwungen, „jedes" Angebot aus Hamburg anzunehmen.

Am 8. November 1922 nahm Stern diesen Ruf an. Er schrieb: *nachdem die Professur für physikalische Chemie in ein Ordinariat umgewandelt ist, trage ich keine Bedenken mehr, dem ehrenvollen Rufe Folge zu leisten. Ich nehme dabei an, daß Sie mir auch in fachlicher Beziehung soweit als möglich entgegenkommen werden, und möchte mir erlauben, Sie zu persönlicher Besprechung am Freitagvormittag oder Sonnabend Nachmittag aufzusuchen. Sollte Ihnen die Zeit nicht angenehm sein, so bitte ich höflichst um telegraphische Nachricht nach Rostock. Andernfalls würde ich mir erlauben, Sie Freitag Mittag in Hamburg anzurufen. Mit vorzüglicher Hochachtung Ihr sehr ergebener Otto Stern*

Als Berufungszusagen wurden ihm eine Umzugskostenzusage und ein fester Jahresetat [44] angeboten. Am 27.11.1922 beschloss der Senat der Hamburger Universität Otto Stern zum planmäßigen ordentlichen Professor für Physikalische Chemie zu ernennen [44]. Man hob hervor, dass er Assistent bei Einstein gewesen und eine anerkannte Autorität auf seinem Gebiete sei und dass er vor allem die Thermodynamik beherrsche. In der Senatssitzung am 26. Januar 1923 wurde er vereidigt.

Otto Stern konnte folgende Berufungszusagen aushandeln: *Im Auftrage der Hochschulbehörde ist von dem unterzeichneten Regierungsrat Dr. V. Wrochen mit dem außerordentlichen Professor Dr. O. Stern in Rostock Folgendes vereinbart worden: 1. Herr Professor Dr. Otto Stern ist bereit, zum 1. Januar 1923 eine ordentliche Professur für Physikalische Chemie in der Mathematisch- Naturwissenschaftlichen Fakultät der Hamburgischen Universität zu übernehmen.*

2. Herr Professor Dr. Stern weiß, daß ihm in dieser Stellung obliegt, das Fach der physikalischen Chemie durch Vorlesungen und Übungen in einem Ausmaße von mindestens 8 Semesterwochenstunden zu vertreten und jedes zweite Semester eine öffentliche Vorlesung im Rahmen seines Wissenschaftsgebietes zu halten.

3. Herr Professor Dr. Stern wird in Gehaltsgruppe XII des Hamburgischen Beamtenbesoldungsgesetzes eingestuft unter der Festsetzung seines Dienstalters nach den entsprechenden Bestimmungen.

4. Umzugsgelder von Rostock nach Hamburg werden nach den bestehenden Bestimmungen gewährt. Herr Professor Dr. Stern verpflichtet sich, dem Hamburgischen Staate zu erstatten, falls er vor Ablauf von 5 Jahren nach seinem Dienstantritt seine Hamburgische dienstliche Tätigkeit aufgibt.

5.Aus dem gemäß § 6 Abs. 3 des Hamburgischen Beamtenbesoldungsgeset zes in der Fassung vom 3. November 1922 gebildeten Dispositionsfonds erhält Professor Dr. Stern für die Zeit vom 1. Januar bis 31. März 1923M 25.000,- für laufende, und M 100.000 für einmalige sachliche Aufwendungen.

6. Durch den Nachtragsetat für 1923/24 wird für sachliche Ausgaben für das Gebiet der physikalischen Chemie ein Jahresetat von M 200.000 angefordert.

7.Bei der Senatskommission für Verwaltungsreform wird die Genehmigu ng zur Einstellung eines Feinmechanikers beantragt.

8. Herr Professor Dr. Stern weiß, daß die Professoren der Hamburgischen Universität verpflichtet sind, an den Aufgaben der Volkshochschule mitzuwirken.

Am 27. November 1922 wurde Stern vom Senat vereidigt. Der Senator Petersen trug vor, dass die Berufungsverhandlungen für die Wiederbesetzung der planmäßigen ordentlichen Professur für Physikalische Chemie zu einem Ergebnis geführt hätten. Für die ordentliche Professur für Physikalische Chemie sei der außerordentliche Professor in Rostock, Dr. Otto Stern, geboren 1888, gewonnen, der Assistent bei Professor Einstein gewesen sei. Er sei eine anerkannte Autorität auf seinem Gebiete und beherrsche vor allem die Thermodynamik. Der Senat beschließt, den außerordentlichen Professor Dr. Otto Stern in Rostock auf den 1.Januar 1923 zum planmäßigen ordentlichen Professor für Physikalische Chemie in der Mathematisch- Naturwissenschaftlichen Fakultät der Hamburgischen Universität zu ernennen.

Auch Otto Stern zog mit seinen Mitarbeitern ins Physikalische Staatsinstitut. Ihm standen vier Zimmer und eine Kellerwerkstatt für seine Forschungsarbeiten und Lehre zur Verfügung. Hausherr dort war der Ordinarius für Experimentalphysik Professor Peter Paul Koch.

Obwohl Stern ein Jahresetat von 200 000 Mark bekommen hatte, konnte man 1922 mit diesem Geld nur wenig anfangen. Wie wenig das damals in der Inflationszeit war, wird deutlich am Mark-Dollar-Devisenkurs. Am 31. Januar 1923 waren 49 000 Mark gerade noch ein Dollar wert. Die Inflation in Deutschland trieb damals ihrem Höhepunkt zu und endete dann am 15. November mit der Einführung der Rentenmark. Um eine Vorstellung für die damalige Geldentwertung zu vermitteln: Otto Sterns Umzugskosten (Junggeselle, alleinstehend) von Rostock nach Hamburg beliefen sich auf 236 000 Mark. Da er lange auf einen Teil der Rückerstattung warten musste, war die Zusage auf Umzugskostenerstattung wegen der galoppierenden Inflation wenig wert.

Trotz Inflation und schlechter Ausstattung hat Stern dann ab 1923 in Hamburg eine sehr erfolgreiche Arbeitsgruppe aufbauen können, die durch viel beachtete Pionierarbeiten auf dem Gebiet der Atom-, Molekül- und Kernphysik sich weltweit höchste Reputation erworben hat. Hamburg wurde durch Stern ein weltweit anerkanntes Spitzeninstitut in der Atom-, Molekül- und Kernphysik. Es war nicht die Anzahl der Veröffentlichungen, die weltweit Beachtung fand, sondern die Qualität der Publikationen. Stern war in den elf Hamburger Jahren selbst nur 29 mal

Autor oder Mitautor einer Publikation, hinzu kamen noch ca. 17 Publikationen, die nur die Namen seiner Mitarbeiter trugen. Bei den Arbeiten seiner Mitarbeiter war er im Hintergrund der „Spiritus Rector". Die erste Hamburger Veröffentlichung war die oben schon erwähnte gemeinsame Arbeit mit Estermann, die über in Rostock durchgeführte Untersuchungen zur Sichtbarmachung von dünnen Silberschichten berichtete.

Dieser Publikation folgten in den Jahren 1923-24 noch zwei Übersichtsartikel über die MSM. In diesen 1926 veröffentlichten Arbeiten „Zur Methode der Molekularstrahlen I" [45] und „II" [46] (letztere zusammen mit Friedrich Knauer) wurden Otto Sterns Ziele der kommenden Forschungsarbeiten in Hamburg unter Verwendung der MSM beschrieben. Otto Stern schrieb dazu: *Die Molekularstrahlmethode muss so empfindlich gemacht werden, dass sie in vielen Fällen Effekte zu messen und Probleme angreifen erlaubt, die den bisher bekannten experimentellen Methoden unzugänglich sind.* In der Tat konnte Stern in seiner Hamburger Zeit alle dort beschriebenen Experimente mit einer beeindruckenden Erfolgsbilanz durchführen.

Zuerst musste jedoch einmal die Messgeschwindigkeit und zum andern auch die Messgenauigkeit wesentlich verbessert werden. Stern war sich bewusst, dass er mit der optischen Spektroskopie zu konkurrieren hatte. Dabei konnte seine MSM Eigenschaften eines Zustandes direkt messen, wohingegen die optische Spektroskopie immer nur Energiedifferenzen von zwei Zuständen und niemals den Zustand direkt beobachten konnte. Um die Messgeschwindigkeit zu verbessern, musste der Molekularstrahl viel intensiver gemacht werden. Das konnte man mit einem sehr dünnen Platindraht als Verdampfer nicht mehr erreichen, da dessen Oberfläche als Quelle einfach zu klein war. Daher musste man Öfchen als Verdampfer entwickeln, die einen hohen Verdampfungsdruck erreichen konnten und deren Tiefe so erhöht werden konnte, dass man in Sekundenschnelle Schichten auf der Auffangplatte auftragen konnte. Die Begrenzung des Druckes im Ofen wurde durch die „freie Weglänge" der Gasmoleküle gegeben, die nur vergleichbar oder größer als die Ofenspaltbreite sein musste. Das heißt, man konnte die Ofenspaltbreite beliebig klein machen und konnte den dadurch bedingten Intensitätsverlust durch Druckerhöhung im Ofen ausgleichen, ohne dass die „Flächenhelligkeit" des Spaltes und damit die Messzeit vergrößert wurde. Ein kreisförmiges Ofenloch ergibt also bei gleicher austretender Gasmenge eine wesentlich schlechtere Auflösung als ein länglicher Spalt mit gleicher Fläche. Die dann in Hamburg durchgeführten Verbesserungen der Strahlstärke ergaben, dass man schon nach drei bis 4 Sekunden Messzeit den Strahlfleck mit Hilfe von chemischen Entwicklungsmethoden erkennen konnte.

Stern berechnete die erreichbare Auflösung mittels MSM für das magnetische Moment zu dem hunderttausendsten Teil eines Bohrschen Magneton. Diese Auflösung war so gut, dass die MSM zum führenden Experimentierverfahren der damaligen Zeit wurde. Otto Stern stellte dann eine Reihe von Untersuchungen vor, die für die Quantenphysik (Atome und Kerne) wegweisend werden sollten.

Als erstes ging es um die Frage, hat der Atomkern (z.B. das Proton) ähnlich wie das Elektron ein magnetisches Moment und wenn ja, wie groß ist dieses. Nach der damaligen Vorstellung des Kernaufbaus (umlaufende Protonen) sollte das magnetische Moment des Protons der ca. 1/1840-te Teil des magnetischen Moments des Elektrons sein. Die Auflösung in der optischen Spektroskopie (Messung der emittierten Photonen) war damals jedoch noch nicht ausreichend, um im Zeeman-Effekt diese Aufspaltung (Hyperfeinaufspaltung) durch das Kernmoment nachzuweisen. Otto Sterns MSM konnte jedoch auch dieses kleine magnetische Moment noch messen.

Neben Dipolmomenten gibt es, wie wir heute wissen, auch höhere Multipolmomente, wie das Quadrupolmoment. Otto Stern hatte schon 1926 darauf hingewiesen, dass man mit der MSM auch die höheren Momente des Grundzustandes messen könne. Ohne diese Kenntnis des Multipolmomentes des Grundzustandes könnte die Spektroskopie keine Momente von angeregten höheren Zuständen bestimmen.

Die kleinen Ablenkungen der Molekularstrahlteilchen in äußeren Feldern oder durch Stoß mit anderen Molekularstrahlen, die mit der MSM gemessen werden konnten, ermöglichten auch erstmals die Untersuchung der langreichweitigen Molekülkräfte (z.B. van der Waals-Kraft). Diese langreichweitigen Kräfte spielen in der Chemie und Molekularbiologie eine fundamental wichtige Rolle. Otto Stern hatte diese Möglichkeiten schon 1926 erkannt und beschrieben.

Seine Publikation 1926 zählt noch drei weitere wichtige Anwendungen der MSM auf:

a. Da ist zum einen die Messung des Einsteinschen Strahlungsrückstoßes, was bedeutete, den direkten Beweis zu erbringen, dass das Photon (d.h. Licht) auch Teilcheneigenschaften und einen Impuls besitzt, wie Einstein es 1917 in seiner berühmten Publikation zum Photoeffekt vorausgesagt hatte. Für diese Arbeit hat Einstein übrigens den Nobelpreis erhalten. Der Rückstoß des Photons wird durch Streuung an einem Atom auf das Atom übertragen. Das Atom wird dann in entgegengesetzter Richtung zum reflektierten Photon mit einem sehr kleinen, aber durch die MSM messbaren Rückstoßimpuls abgelenkt. Dieser Strahlungsrückstoß spielt heute eine Rolle, wenn man mit Hilfe der Laserkühlung sehr kalte Gase (Bose-Einstein-Kondensate) erzeugt und damit makroskopische Quantensysteme im Labor herstellt.

b. Der nächste Vorschlag betraf die Messung der de Broglie-Wellenlänge von langsamen Atomstrahlen. Die neue Quantenphysik hatte der Physik den Dualismus von Teilchen und Welle beschert. Dies bedeutete: Jedes bewegte Teilchen kann unter bestimmten Umständen Welleneigenschaften und jede sich ausbreitende Welle, wie das Photon, kann Teilcheneigenschaften zeigen. Der französische Physiker Louis de Broglie hatte 1924 diese Behauptung aufgestellt und wurde 1929 dafür mit dem Nobelpreis ausgezeichnet. De Broglie hat diesen Dualismus in einer einfachen Gleichung beschrieben: $\lambda=h/p$, wo die Wellenlänge λ die Welle repräsentiert und der Impuls p das Teilchen. h ist die universelle Plancksche Konstante. Für den Physiker beschreibt diese sehr kurze Gleichung in unglaublich klarer, quantitativer Weise den komplexen Welle-Teilchen-Dualismus. Würde Johann Wolfgang Goethe ähnlich wie bei der Farbenlehre diesen physikalischen Zusammenhang beschreiben, bräuchte er vermutlich viele hundert Seiten, um nur die qualitativen Zusammenhänge darzustellen.

Stern war klar, werden Atomstrahlen mit dem Impuls p an einem Doppelspalt oder einem Gitter gestreut, dessen Spalt- oder Gitterabstand ungefähr gleich der Wellenlänge ist, dann zeigt das Spektrum der gestreuten Atome in Abhängigkeit vom Streuwinkel Beugungsstrukturen analog der Lichtstreuung. Es sollten also in Abhängigkeit vom Streuwinkel Streumaxima und -minima auftreten, die nur durch Welleninterferenz erklärt werden konnten, aus denen man direkt die Wellenlänge bestimmen konnte. Stern konnte diesen Dualismus damit quantitativ untersuchen, indem er λ und p im Experiment bestimmte.

c. Und nicht zuletzt können seine Molekularstrahlen dazu benutzt werden, um die Lebensdauer von angeregten Zuständen zu messen. Diese Lebensdauern liegen im Bereich von Bruchteilen einer Millionsten Sekunde und konnten damals mit keinem „Uhrensystem" gemessen werden. Stern schlug vor, den bewegten Strahl an einem sehr genau festgelegten und eng begrenzten Ort anzuregen und dann das Fluoreszenzleuchten strahlabwärts örtlich genau zu vermessen. Den Ort kann man dann über die Molekulargeschwindigkeit in eine Zeitskala transformieren.

Otto Stern hatte damit in dieser Publikation von 1926 in sehr weitsichtiger Weise sein Forschungsprogramm für die nächsten Jahre niedergeschrieben. Rückblickend ist festzustellen, dass er dieses Arbeitsprogramm mit seinen Mitarbeitern fast vollständig „termingerecht" in den folgenden sieben Jahren in Hamburg bearbeiten konnte.

Wenn man die Publikationen Otto Sterns und seiner Mitarbeiter ab 1926 in Hamburg bewertet, dann stellt man fest, dass erst ab 1929 die wirklich großen Pionierarbeiten veröffentlicht wurden. Dies hängt sicher auch mit seinem Ruf an die Universität Frankfurt zusammen. Otto Stern hatte im April 1929 einen Ruf auf ein Ordinariat für Physikalische Chemie an die Universität Frankfurt erhalten (3+44). Die darauf erfolgten Bleibeverhandlungen gaben Otto Stern die Chance, sein Institut völlig neu einzurichten. Die Universität Hamburg war bereit, alles zu tun, um Otto Stern in Hamburg zu halten. Obwohl die Finanzlage der Universität sehr schlecht war und die Universität alleine die Forderungen Sterns nicht erfüllen konnte, hat man Geldquellen auch von außerhalb der Universität zu nutzen versucht.

Ein hoher Beamter der Hamburger Universitätsverwaltung kommentierte am 15. Mai 1929 Sterns Bleibeverhandlungen wie folgt: *„Ich möchte, wenn ich auch nicht selbst für die Hochschulpolitik verantwortlich bin,* *nochmals mit allem Nachdruck darauf hinweisen, um mein Gewissen zu entlasten, dass Herr Prof. Stern auf dem Gebiet der physikalischen Chemie neben Einstein der bedeutendste Gelehrte ist, der zwar wenig aus sich macht, aber geradezu einen Weltruf genießt. Hamburger Herren, die in Amerika gewesen sind, werden wohl nach keinem Gelehrten öfter gefragt als nach Herrn Prof. Stern. Geht er von Hamburg fort, so ist gleichwertiger Ersatz überhaupt nicht zu finden. Es gibt nur einige jüngere Herren, die aber sehr unbedeutend sind. Abgesehen von seinem internationalen Ruf hat Herr Prof. Stern die seltene Gabe, nicht nur die Kollegen seines eigenen Faches, sondern auch die Kollegen der benachbarten Gebiete an sich zu ziehen, sie zu wissenschaftlichen Arbeiten anzuregen; dann ist ihm eine glänzende Problemstellung zu eigen, kurz: er ist innerhalb der hiesigen Mathematisch-naturwissenschaftlichen Fakultät ein ganz hervorragender wissenschaftlicher Mittelpunkt, dessen Fortgang – wenn ich diese abgegriffene Phrase gebrauchen darf – eine fühlbare Lücke zurücklassen würde* [44].

Da im Institut große Raumnot herrschte, konnte man Sterns Forderungen nach mehr Räumen nur durch einen Institutsneubau realisieren. Um die benötigten Gelder aufzutreiben, wandte sich der dafür zuständige Senator Dr. de Chapeaurouge an den Bankier Max Warburg. Die jüdische Familie war im 17. Jahrhundert aus Italien kommend nach Warburg an der Diemel eingewandert und hatte den Namen dieser Stadt

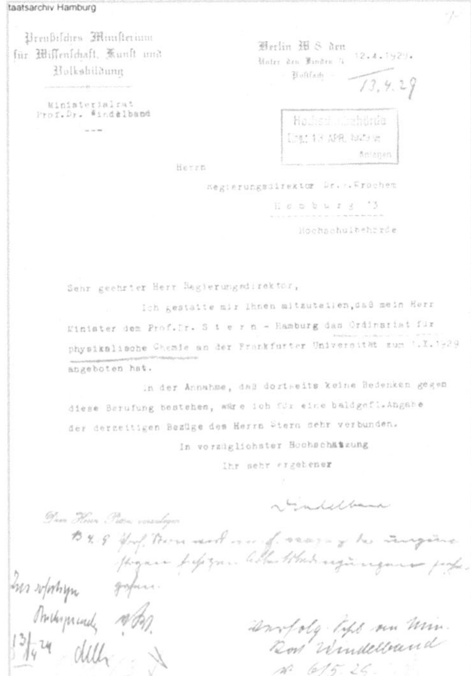
taatsarchiv Hamburg

Preußisches Ministerium für Wissenschaft, Kunst und Volksbildung

Ministerialrat Prof. Dr. Windelband

Berlin W 8 den 12.4.1929.
Unter den Linden 4
Postfach

13.4.29

Hochschulbehörde
Eingang 13 APR. 1929
Anlagen

Herrn
Regierungsdirektor Dr. v. Frochem
Hamburg 13
Hochschulbehörde

Sehr geehrter Herr Regierungsdirektor,

Ich gestatte mir Ihnen mitzuteilen, daß mein Herr Minister dem Prof. Dr. S t e r n – Hamburg das Ordinariat für physikalische Chemie an der Frankfurter Universität zum 1.X.1929 angeboten hat.

In der Annahme, daß dorterseits keine Bedenken gegen diese Berufung bestehen, wäre ich für eine baldgefl. Angabe der derzeitigen Bezüge des Herrn Stern sehr verbunden.

In vorzüglichster Hochschätzung
Ihr sehr ergebener
Windelband

Bild 21
Otto Stern erhält einen Ruf an die Universität Frankfurt (44)

angenommen. Max Warburg war eng mit dem Reeder Alfred Ballin, dem Generaldirektor der HAPAG, befreundet. Max Warburg war auch von 1905 bis 1919 Mitglied der Hamburger Bürgerschaft. Er war Berater des deutschen Kaiser Wilhelm II. und nahm als Delegierter an den Verhandlungen zum Versailler Vertrag teil. Er verließ die Verhandlungen jedoch, da er die gestellten Bedingungen als unannehmbar bezeichnete. Bis zu seiner Emigration aus Deutschland half er als Vorsitzender des „Hilfsvereins der Juden" ca. 75000 jüdischen Mitbürgern zur Flucht aus Nazideutschland.

Otto Stern konnte sehr erfolgreiche Bleibeverhandlungen führen. Fast alle seine Wünsche wurden erfüllt. Er erhielt einen Neubau, ausreichend Sachmittel und Stellen für Techniker und Mitarbeiter.

Mit Karl Reiser fand Stern wieder einen Feinmechanikermeister, der wie Adolf Schmidt in Frankfurt, Otto Stern und seine Arbeitsgruppe hervorragend unterstützte. Nach der so erfolgreichen Frankfurter Zeit begann Otto Sterns zweite glänzende Forschungsperiode in Hamburg. Er versammelte eine Reihe von ausgezeichneten Mitarbeitern um sich. Einige dieser Mitarbeiter wurden später Begründer anderer großer Forschungszentren, wie Immanuel Estermann in Pittsburgh und danach in London, Isidor Rabi an der Columbia University in New York und später

Bild 22 Otto Sterns 1931 bezogenes Institut für Physikalische Chemie in der Jungiusstrasse in Hamburg, im Hintergrund das Physikalische Staatsinstitut (44+63)

am MIT in Cambridge bei Boston, Emilio Segrè in Berkeley, Robert Otto Frisch in Cambridge.

Nach den erfolgreichen Bleibeverhandlungen ging Otto Stern vom 1. Januar bis Mitte April 1930 für ein Forschungssemester nach Berkeley. Er hatte diesen Besuch in Kalifornien wegen der Bleibeverhandlungen verschieben müssen. Ursprünglich wollte er 1929 in Berkeley arbeiten. Die dortigen Institute der Physik und der Chemie hatten ihn eingeladen. Im Züricher Interview erzählt er kurz über diese Zeit, die aber für ihn wissenschaftlich kaum erwähnenswert war. Während seiner Abwesenheit von Hamburg hatte sein Freund Max von Laue ihm geschrieben und ihm eine Direktorenstelle am Kaiser-Wilhelm-Institut in Berlin angeboten. Stern schrieb von Laue am 26.Januar 1930 von Berkeley folgenden Brief: *Lieber Herr von Laue, ich bin am 13. nach Amerika abgefahren, so dass Ihr Brief vom 15. mich leider nicht hier erreichte. Inzwischen haben Sie hoffentlich mein Kabel erhalten. Da ich in der ersten Zeit natürlich viel zu tun hatte, komme ich erst heute dazu, Ihnen zu schreiben. Es ist vielleicht überflüssig, Ihnen meine Gründe noch ausführlich auseinanderzusetzen, aber es liegt mir viel daran, dass Sie sehen, dass ich wirklich nicht anders handeln konnte. Als Sie mir vor über einem Jahr zuerst von diesem Projekt des KWI (Kaiser Wilhelm Institut) für Physik sprachen, war ich sehr froh mitzutun. Als dann im Sommer für mich die Möglichkeit kam (durch den Ruf nach Frankfurt) mir vernünftige Arbeitsbedingungen zu verschaffen, musste ich die Möglichkeit ausnutzen, denn Sie wissen ja selbst am besten, wie unsicher damals der Termin der Verwirklichung des Berliner Projektes war. Ich habe in Hamburg alles bekommen, was ich wollte (Neubau, Verdopplung des Personaletats, Vervielfachung der Werkstatt, usw.). Natürlich war es eine harte Sache, unter den jetzigen Verhältnissen, die Hamburger Behörde dazu zu bringen, und es wäre nicht gegangen, wenn nicht die Hamburger Kollegen sich in geradezu aufopfernder Weise dafür eingesetzt hätten. Unter diesen Umständen konnte die Entscheidung, vor der mich Ihr Brief stellte, gar nicht anders lauten als: Hamburg. Jetzt gleich, nachdem sich die Hamburger so ins Zeug gelegt hatten, von Hamburg wegzugehen, wäre einfach nicht anständig von mir gewesen. Ich bin überzeugt, Sie sehen, ich konnte nicht anders. Dass ich wirklich gerne mit Ihnen zusammen gearbeitet hätte, wissen Sie. Und ich danke Ihnen nochmals recht herzlich für Ihre große Freundlichkeit. Hier in Amerika gefiel mir's zu oft gar nicht, jetzt leidlich. Es ist doch vieles. sehr interessant, die Institute ausgezeichnet, und es gibt eine Menge vorzügliche junge Leute hier. Mitte Mai beabsichtige ich wieder in Hamburg zu sein. Herzliche Grüße Ihr Otto Stern* [3]

Stern blieb also in Hamburg, für die Wissenschaft ein Glücksfall, denn es sollten Stern und seinen Mitarbeitern in den nur drei verbleibenden Jahren in Hamburg noch einige wegweisende Experimente auf den Gebieten der neuen Quanten- und Kernphysik gelingen.

Otto Sterns Arbeitsgruppe bestand aus seinen Assistenten, ausländischen „Fellows" und seinen Studenten. Seine Assistenten waren Immanuel Estermann, Friedrich Knauer, Robert Schnurmann und ab 1930 Otto Robert Frisch. Mit Immanuel Estermann hat Stern mehr als 20 Jahre eng zusammengearbeitet und zusammen 14 Publikationen veröffentlicht. Außerordentlich fruchtbar war von 1930 bis 1933 die dreijährige Zusammenarbeit mit Otto Robert Frisch, dem Neffen Lise Meitners. In diesen drei Jahren haben beide neun Arbeiten zusammen publiziert, die alle wichtige Pionierarbeiten der Physik sind. Aus den Publikationen mit

Bild 23 Sterns Arbeitsgruppe 1928: v.l.: Friedrich Knauer, Otto Brill, Otto Stern, Ronald Fraser/ Schottland , Isidor Rabi/ USA, John B. Taylor/USA, Immanuel Estermann (44+63)

Friedrich Knauer (fünf gemeinsame Arbeiten) kann man ablesen, dass die Zusammenarbeit Sterns mit Friedrich Knauer nur am Anfang Mitte der zwanziger Jahre erfolgreich war. Otto Stern sagt in seinem Züricher Interview über ihn: *Er war technisch ganz gut, sonst war aber wenig mit ihm los. Außerdem war er ein Nazi.*

Zwei Briefe von Knauer finden sich im Nachlass von Otto Stern in der Bancroft Library [6]. Der erste von 1933 berichtet über Professors Kochs radikale Veränderungen in Sterns Hamburger Institut nach dessen Emigration sowie über noch abzuschließende Geschäftsvorgänge Otto Sterns in Hamburg, z.B. Bezahlung von verspäteten Rechnungen. Den anderen Brief hat Knauer nach dem Kriege 1947 geschrieben. In diesem Brief bittet Knauer um Sonderdrucke von zwei Arbeiten, die Stern zusammen mit Estermann 1947 in Physical Review publiziert hatte und er beschreibt, welche Arbeitsmöglichkeiten er zur damaligen Zeit im Hamburger Institut hat und an welchen Untersuchungen er gerade arbeitet. Die Greuel der Nazizeit werden in diesem Brief mit keinem Wort angesprochen.

Der dritte Assistent Otto Robert Frisch kam 1930 nach Sterns Rückkehr aus Berkeley ins Hamburger Institut. Frisch beschreibt in seinen Lebenserinnerungen „What little I remember“ diese Zeit wie folgt:

Bild 24 Stern beim Experimentieren in seinem Hamburger Labor (44+63)

1930 fand ich eine Stelle in Hamburg – zum ersten Mal eine richtige Stelle, nicht ein Stipendium. Ich glaube Pringsheim gab mir eine sehr gute Empfehlung; zumindest erfuhr ich einige Monate später, dass er einen Studenten warm empfohlen hatte, aber hinzufügte: „Obwohl er kein zweiter Frisch ist". Lise Meitner freute sich so sehr darüber, dass sie es mir erzählte, selbst unter der Gefahr, dass ich noch eingebildeter würde. Endlich ein erster Fuß auf der akademischen Leiter! Mein zukünftiger Chef war Professor Otto Stern, der durch das Stern-Gerlach-Experiment berühmt geworden war, und ich war begeistert, mit diesem großen Physiker arbeiten zu dürfen. Ich wurde als Assistent angestellt, aber ich hielt in Hamburg keine Vorlesungen, dafür hätte ich die „Venia legendi" gebraucht. Stern war gerade dabei, das entsprechende Gesuch bei der Universität einzureichen, als wir beide nach Hitlers Machtübernahme Deutschland verlassen mussten. Meine Aufgabe in Hamburg bestand darin, Stern beim Durchführen von Messungen zu helfen und später einige Apparaturen zu entwerfen, die für unsere Forschungsarbeiten benötigt wurden.

Meine erste Erinnerung an das Laboratorium ist etwas, das aussah wie ein gläserner Wald, eine Art von Alptraum des Glasbläsers; Röhren und Kolben und Zylinder und Quecksilberpumpen, alle aus Glas geblasen, mit Dutzenden von Absperrhähnen, die mir nicht sinnvoller miteinander verbunden schienen als die Zweige einer Hecke. Dort beobachtete ich etwa eine halbe Stunde Stern mit seinem Chefassistenten, Immanuel Estermann, wie sie die Hähne offenbar in willkürlicher Reihenfolge drehten, den einen schlossen und nach einigen Sekunden einen anderen öffneten und so weiter, vielleicht eine Stunde lang. Ich hatte das Gefühl, dass ich das niemals beherrschen würde, genauso wenig wie ein völlig nichtmusikalischer Mensch jemals Orgelspielen lernen kann. Doch innerhalb weniger Wochen wurde alles sinnvoll, und es war ziemlich klar, in welcher Reihenfolge die Absperrhähne gedreht werden mußten. Estermann versicherte mir, daß natürlich Fehler vorkämen und daß es zwei grundlegende Experimente gäbe, die kein Physiker oft genug durchführen könnte. Das eine war, Luft durch einen geschlossenen Hahn anzusaugen, das andere, ein Vakuum herzustellen, wenn einer der Hähne zur Atmosphäre offen stand. Diese Fehler machten wir aber nicht allzu oft.

Einige Monate später ging Estermann auf akademischen Urlaub und ich übernahm seine Rolle als Sterns zusätzliches Paar Hände. Stern war ziemlich ungeschickt; zudem hielt eine seiner Hände unweigerlich eine Zigarre (wenn sich diese nicht in seinem Mund befand). So überließ er das Handhaben von zerbrechlichen Geräten immer seinen Assistenten. Ich kann mich noch heute erinnern, wie er sich verhielt, wenn alles umzukippen drohte; er hob beide Arme in die Höhe, so wie einer der sich ergibt, und wartete. Er erklärte mir: „Der Schaden ist kleiner, wenn man das Ding fallen läßt, als wenn man es aufzufangen versucht". Dennoch war Stern, von einer höheren Warte beurteilt, ein großartiger Experimentator. Beim Einsatz einer neuen Apparatur wurde nichts dem Zufall überlassen. Alles war vorher ausgearbeitet worden. Und die Funktionsweise wurde bis ins letzte Detail sorgfältig überprüft. So berechnete Stern immer die erwartete Strahlenintensität, obwohl dazu eine lange und umständliche Rechnung erforderlich war, die er selbst durchführte. Er konnte die Intensität nicht genau voraussagen; doch wenn der gemessene Wert nicht innerhalb von 30% des errechneten lag, wußte er, daß

Bild 25 Otto Robert Frisch in Hamburg ca. 1933 (44+63)

etwas nicht stimmte und der Fehler gefunden werden mußte. Ich habe nie jemanden gesehen, der seine Instrumente so genau unter Kontrolle hielt, und es machte sich wirklich bezahlt. In der Regel waren unsere Experimente dermaßen schwierig, daß es niemanden in der ganzen Welt gab, der sich daran wagte. Darum war die Atmosphäre auf eigentümliche Weise entspannt. Als wir einmal eine sehr bemerkenswerte Erscheinung beobachteten, die wir nicht deuten konnten, ließen wir die während eines ganzen Jahres liegen. Dies in der Hoffnung, früher oder später noch eine Erklärung zu finden, bevor wir eine Publikation schrieben (zwei Jahre später fand ein englischer Theoretiker die Erklärung). Wir dachten gar nicht daran, daß sonst jemand dasselbe Experiment durchführen und wichtige Resultate vorwegnehmen könnte; tatsächlich tat es auch niemand.

In der Regel waren für unsere Experimente eine Reihe von Manipulationen erforderlich, die gleichzeitig durchgeführt werden mußten. Es war sehr wichtig, daß wir beide zusammen an der Apparatur arbeiteten und sehr koordiniert waren. Ein Besucher machte einmal eine Bemerkung über die unzähligen Manipulationen, und Stern antwortete: Ja, es ist wirklich schade, daß wir unsere Greifschwänze vor einigen Millionen Jahren verloren haben, sie wären jetzt sehr nützli*ch.“ Der Besucher antwortete: „Das würde nichts nützen, Stern; Sie würden dann die Apparatur noch komplizierter machen“.*

Wir gingen stets gemeinsam zum Mittagessen: Stern, seine vier Assistenten (Estermann, Knauer, Frisch und Schnurmann) *und noch mehrere Leute vom Institut. Stern war ein reicher Mann, und er aß gerne gut; letzteres war bei uns auch der Fall, nur mußte es billig sein. Eine Zeitlang aßen wir jeweils billig, bis Stern uns überzeugte, daß solches Essen zu sich nehmen unwürdig war, und daß er ein anderes Lokal gefunden hatte, das viel besser und nur ganz wenig teurer war. Nach einiger Zeit sagte dann einer der jungen Männer, daß er sich solches Essen einfach nicht leisten könne, und daß er ein Restaurant gefunden habe, wo das Essen fast gleich gut und viel billiger war. Stern nahm das alles mit Humor. Tatsächlich waren sein Sinn für Humor und seine Freundlichkeit die für ihn charakteristischen Züge. Er war mittelgroß und eher kräftig, hatte kurzes schwarzes Haar, das sich oben lichtete, eine große Nase und ein ziemlich langes Kinn. An sich keine attraktive Figur, doch sein sonniges Lächeln und die Intelligenz, die aus seinen Augen sprühte, machten ihn ungemein sympathisch. Beim Mittagessen wurde entweder über Physik oder das Kino gesprochen. Stern ging praktisch jeden Abend ins Kino, und manchmal sah er an einem Tag zwei Filme. Er beklagte sich oft darüber, daß keine der Hamburger Zeitungen ihn als Filmkritiker anstellen wollte. Er war der Ansicht, daß er in dieser Sparte allen anderen weit überlegen war, zudem würde er gar kein Honorar verlangen, da er das Geld nicht brauchte und ja sowieso ins Kino ging! Fragte jemand, welchen Film man sehen müsse, so lehnte er sich auf seinem Stuhl zurück und dozierte mit einem glücklichen Lächeln über die guten und die schlechten Streifen, die gerade vorgeführt wurden. ....Stern arbeitete nicht gerne abends; in der Regel hörte er um sechs auf. Wenn die Messungen aber gerade gut liefen, machte er weiter, und wenn es bis über sieben dauerte, lud er mich zum Essen ein. In der Regel gingen wir in eines der besten Hamburger Restaurants, insbesondere ins „Halali".*

Bei einer solchen Gelegenheit war auch der legendäre Pauli dabei, der uns manchmal von Zürich aus besuchte. .... Pauli's Grobheit gegenüber seinen Mitarbeitern wurde als integrierender Teil seiner Persönlichkeit akzeptiert; niemand regte sich darüber auf, öffentlich als inkompetenter Idiot beschimpft zu werden, wenn Pauli einen Fehler gefunden hatte. ... Wenn das Necken ein Zeichen von Freundschaft ist, dann waren Stern und Pauli wirklich äußerst gute Freunde. Pauli neckte Stern gnadenlos. Als Stern Pauli und mich zum ersten Mal ins „Halali" einlud, sagte ihm Pauli, daß dies nur auf das schlechte Gewissen des reichen Mannes zurückzuführen sei. Dieses schlechte Gewissen versuche er zu beruhigen, indem er unbedeutende Summen zur Bewirtung seiner armen Freunde ausgab. Er war auf bissige Weise wortgewandt und Stern kam nicht gegen ihn auf; kicherte nur in seiner freundlichen Art und versuchte nicht einmal, sich zu verteidigen.

Der vierte Assistent in Sterns Gruppe war Robert Schnurmann. Robert Schnurmann, der ebenfalls 1933 wegen seines jüdischen Glaubens Deutschland verlassen musste, hat 1962 von Oxford aus einen Brief an Otto Stern geschrieben, der sich heute im Nachlass Sterns [6] befindet und in dem er Otto Stern bittet, zu bestätigen, dass er bei ihm eine quasi

„planmäßige" Stelle innehatte. Wie er dort ausführt, hatte er sich in Sterns Gruppe damals für eine akademische Laufbahn, d.h. eine Habilitation entschieden, nur hatte er Knauer wegen dessen Seniorität in der Gruppe den Vorzug zu lassen. Durch die Machtübernahme der Nazis 1933 wurden jedoch alle diese Zukunftspläne zunichte gemacht. Nach den Publikationen zu urteilen, hat Schnurmann weniger zu den großen wissenschaftlichen Leistungen in Hamburg beigetragen als Estermann oder Frisch.

Eine genaue Namensliste der Studenten und Doktoranden Sterns ist nicht bekannt. Jedoch kann man aus den Veröffentlichungen der Arbeitsgruppe und aus den Dokumenten des Staatsarchivs Hamburg [44] diese zusammenstellen, die folgende Namen und Jahreszahlen enthält:

E. Landt (ca. 1924-1927); Alfred Leu (ca. 1924- 1927); Erwin Wrede (ca. 1924- 1927); Berthold Lammert (ca. 1927-1930); Otto Brill (ca. 1926- 1929); Max Wohlwill (ca. 1930-1932).

Außerdem hatte Otto Stern in Hamburg häufig sogenannte "Fellows" in seiner Arbeitsgruppe. Die meisten kamen aus den USA: Isidor Isaac Rabi (in Hamburg 1927-28); John B. Taylor (ca. 1927-1929); T.E. Phipps (ca. 1930-31); Lester C. Lewis (ca. 1929-1931); Ronald Fraser (ca. 1927-28) aus Schottland, Emilio Segrè (1931-32) aus Italien und J. Josephy (ca. 1931-32). Der für die Weiterentwicklung der MSM und damit für die Physik schlechthin wichtigste Fellow war Isidor I. Rabi. Rabi wurde 1898 in Galizien (damals Österreich-Ungarn) geboren, kam als vierjähriger in die USA. Für die Entwicklung der Kernspinresonanzmethode erhielt er 1944 den Nobelpreis für Physik. Er starb 1988 in New York.

Aufbauend auf seinen Erfahrungen im Sternschen Labor hat er später in den Vereinigten Staaten eine Physikerschule aufgebaut, die an Bedeutung in der Atom- und Kernphysik weltweit ihres Gleichen sucht und viele Nobelpreisträger hervorgebracht hat. Rabi erklärt in einem Interview mit John Rigden in 1988, warum Otto Stern und seine Experimente seine weiteren wissenschaftlichen Arbeiten entscheidend prägten: *Als junger Student 1923 hat mich die neue Quantenphysik sehr beeindruckt, aber nicht überzeugen können. Ich denke, das verwundert nicht. Wenn man versucht, sie logisch auf der Basis der klassischen Physik zu verstehen, erscheint sie wie „Reaganomics"* (völlig unlogisch, benannt nach dem früheren USA Präsidenten Reagan). *Sie macht keinen Sinn. Auch ihre Beobachtungsgrößen blieben fremd. Aber ich hoffte, mit Scharfsinn und Erfindungsgabe diese atomaren Beobachtungen in ein mechanisches Bild einfügen zu können. Meine Hoffnung, atomare Beobachtungen mechanisch erklären zu können, starb, als ich vom Stern-Gerlach-Experiment hörte. Nun, da ist nichts in der Physik, welches erklärt, warum diese magnetischen Momente sich in einem äußeren Feld in irgend einer Ordnung ausrichten sollten, da diese Drehimpulse in jede Richtung zeigen sollten. Das Ergebnis dieses Experimentes war verblüffend, obwohl die Quantentheorie es so vorausgesagt hatte. Da gab es keinen bekannten Mechanismus, der diese Momente orientieren konnte, da Ihre Richtungen ursprünglich statistisch verteilt sein mussten. In der Tat, das ganze Ding war ein Rätsel. Hier gab es etwas, für das es keine logische Erklärung gab. Dieses überzeugte mich endgültig, klassische Physik war tot und man brauchte eine völlig neue Denkweise. Diese würde wohl ein Rätsel lösen, aber ein neues schaffen, das prinzipielle Rätsel der Quantenphysik.*

Erstmals begegnete ich Stern im Herbst 1927. Ich war in Kopenhagen am Niels Bohr Institut für theoretische Physik und Bohr schickte Yoshio Nishina und mich nach Hamburg, um mit Wolfgang Pauli dort (in Theorie) zu arbeiten. Als ich dort ankam, war ich erfreut zu sehen, dass Stern und seine Mitarbeiter an sehr aufregenden Molekularstrahlexperimenten arbeiteten. Obwohl mein Hauptinteresse der Theorie Paulis galt, verbrachte ich doch einige Zeit im Sternschen Labor und redete dort mit Ronald Fraser, einem Schotten und John Taylor, einem Amerikaner.

Ich wollte die Geheimnisse der Molekularstrahlmethode kennen lernen. Dabei erkannte ich, dass man die Komponenten des Molekularstrahls auch in einem homogenen Feld separieren konnte. Ich erklärte Stern diese Idee und er schlug vor, dass ich dieses Experiment durchführe. Mir wurde gesagt, welche Ehre es bedeutet, von Stern in sein Labor eingeladen zu werden. Ich hatte keine Stelle und musste eine Frau ernähren. Ich konnte diese Einladung nicht ablehnen. Mein Experiment war ein Erfolg und als die Ergebnisse veröffentlich werden sollten, da erlebte ich eine Demonstration von Sterns Großzügigkeit, seiner Red-

lichkeit und seinem Stolz. Stern sagte: „zuerst publizieren Sie das als Letter in Nature", falls Sie das zuerst in Deutsch publizieren, denkt jeder, das ist mein Kind und nicht Ihrs" [48] (Englischer Originaltext in Anhang D).

Die Bedeutung des damaligen Physikinstituts in Hamburg würdigt Rabi wie folgt: *Als ich an der Hamburger Universität war, es war eines der weltweit führenden Zentren der Physik. Da gab es eine enge Zusammenarbeit zwischen Stern und Pauli, zwischen Experiment und Theorie. Zum Beispiel, Sterns Fragen waren wichtig für Paulis Theorie des Magnestismus von freien Elektronen in Metallen. Umgekehrt, Paulis theoretische Forschungen hatten großen Einfluß auf Sterns Denken. Außerdem Stern und Pauli brachten viele illustre Besucher nach Hamburg: Bohr, Ehrenfest waren ständige Besucher. Von Stern und Pauli lernte ich, was Physik ist. Für mich war das nicht eine Frage von Wissen, es war die Art zu denken und die Dinge zu hinterfragen. Ich erlernte das Gespür und die Einsicht, für das, was wichtige Fragen sind oder nicht. Stern hatte diese Eigenschaften und er hatte sie auf höchstem Niveau. Stern widmete sich niemals kleinen Problemen* [48] (Englischer Originaltext in Anhang E).

Das tägliche Leben und Arbeiten im Sternschen Institut beschreibt Rabi im Kuhn Interview von 1963 [49]: *Die Seminare waren hervorragend und die Kolloquien sehr interessant und auf einem hohen Niveau. Da waren unterschiedliche Denkweisen: Lenz, z.B. hatte eine sehr schnelle Auffassungsgabe und kam direkt auf den Punkt, ohne dass er viel zustande brachte. Da war Stern mit seinem Gefühl und Blick für die richtigen Fragen und Pauli mit seiner Gründlichkeit. Es stimmte alles. Die Leute waren wunderbar und glücklicher Weise gab es Studenten, mit denen ich jeden Tag zum Essen ging* [48] (Englischer Originaltext in Anhang F).

Rabi hatte sich in Hamburg eine neue Separationsmethode von Molekularstrahlen im Magnetfeld ausgedacht, die für die späteren Anwendungen von Molekularstrahlen von großer Bedeutung werden sollte [50]. Da die Inhomogenität des Magnetfeldes auf kleinstem Raum schwierig zu vermessen war und man außerdem genau wissen musste, wo der Molekularstrahl im inhomogenen Magnetfeld verlief, musste eine homogene Magnetfeldanordnung zu viel genaueren Messergebnissen führen. Nach

Rabis Idee tritt der Molekularstrahl unter einem Winkel ins homogene Magnetfeld ein. Ähnlich wie der Lichtstrahl bei schrägem Einfall an der Wasseroberfläche gebrochen wird, wird auch der Molekularstrahl beim Eintritt ins Magnetfeld „gebrochen", d.h. seine Bahn erfährt einen kleinen „Knick". Wie im inhomogenen Magnetfeld erfährt der Strahl eine Aufspaltung je nach Größe und Richtung des inneren magnetischen Momentes. Die Aufspaltung in der neuen Rabi-Anordnung kann sogar wesentlich größer sein als im inhomogenen Magnetfeld. Rabi konnte in seinem Hamburger Experiment das magnetische Moment des Kaliums bestimmen und konnte innerhalb 5% Fehler zeigen, dass es einem Bohrschen Magneton entspricht [50].

Man zerlegt in der Molekularstrahlapparatur die gesamte Magnetfeldstrecke in drei separierte Teilbereiche (Abb.26), A, B und C, wo in A und B inhomogene, entgegengesetzt gerichtete Felder sind und C ist ein starkes homogenes Feld ist. Im Bereich C wird senkrecht zum statischen homogenen Feld ein oszillierendes Feld mit einer Frequenz ν überlagert, das in den Atomen des Molekularstrahls im Kern oder auch in der Hülle Übergänge induziert. In Abb. 26 sind zwei Bahnen von Atomen in unterschiedlicher Richtung und von unterschiedlicher Geschwindigkeit eingezeichnet (durchgezogene Linien). Werden im Bereich C keine Übergänge induziert, dann verlaufen die Bahnen in B spiegelsymmetrisch zu A und alle Atome treffen sich in Punkt D, d.h. werden auf Punkt D fokussiert. Wird jedoch in Bereich C ein Übergang induziert, so dass das Atom sein magnetisches Moment ändert, dann verlaufen die Bahnen in B (gestrichelte Linien) nicht spiegelsymmetrisch zu A. Durch Nachweis

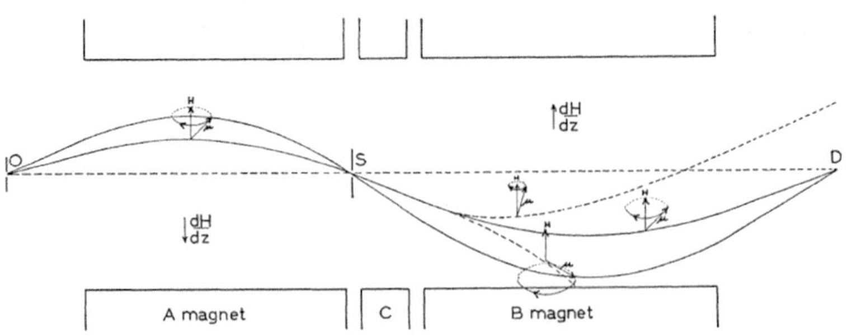

Bild 26
Die Rabi-Apparatur

der Atomstrahlintensität im Detektor D oder unter anderen Winkeln kann man die Übergangsrate in Abhängigkeit der Übergangsenergie oder Photonfrequenz ν messen. Da man ν mit sehr hoher Präzision messen kann, sind auch die Energiedifferenzen in Atomen und Kernen mit sehr hoher Auflösung bestimmbar, indem man ν variiert und das Maximum der Intensitätsverteilung auf dem Detektor D ermittelt.

Als Rabi nach den USA zurückkehrte, nahm er eine Stelle an der New Yorker Columbia University an. Zwei Jahre später baute er dort seine erste Molekularstrahlapparatur auf, mit der er den Kernspin und das dazugehörige magnetische Moment von Natrium bestimmte. 1938 konnte Rabi mit einer weiteren genialen Idee die Auflösungsstärke und Anwendungsbreite der Molekularstrahlen im Magnetfeld nochmals entscheidend verbessern. Er erkannte, dass man die Atome oder Moleküle beim Durchgang durch das Magnetfeld noch zusätzlich mit Photonen manipulieren konnte. Durch Einstrahlung von elektromagnetischer Strahlung (Photonen von Radarfrequenzen bis jenseits vom sichtbaren Licht) konnte man die Atome (Kerne oder Hülle) anregen und damit ihr inneres magnetisches Moment verändern.

Ferner erkannte Rabi, dass man das vom angeregten Zustand emittierte Photon wieder spektroskopieren kann und damit die Information erhält, dass im Molekularstrahl ein Atom mit dieser sehr selektiven Anregungsfrequenz vorhanden war. Er nannte sein neues Verfahren: „Molecular Beam Resonance Method for Measuring Nuclear Magnetic Moments“ oder heute kurz: Kernspinresonanzmethode NMR. Diese Idee war die Grundlage, die ihm selbst und später vielen seinen Schülern und damit auch „Enkel-Schülern“ von Otto Stern den Nobelpreis einbrachte.

Da im Krieg die Radartechnik, d.h. deren Erzeugung und deren Nachweis sowie deren Frequenzbestimmung, große Fortschritte machte, wurde das Verfahren der Resonanzabsorption von Radarstrahlen an Molekularstrahlen zu einer der erfolgreichsten Methoden der Physik und Chemie überhaupt. Viele Nobelpreise sind bis zum Jahr 2009 an Wissenschaftler gegangen, die in ihrem Experiment auf Rabi-Technik und Sternsche Molekularstrahlen aufbauen. Fast alle von ihnen sind direkte Schüler oder „Enkel“ von Rabi und damit Stern. Darunter sind die für die Medizin heute unersetzliche Methode der Kernspinresonanztomographie (Rudolf Ernst), die Atomuhr (Norman Ramsey) sowie der Maser (Charles Townes).

Ein anderer berühmter „Fellow" war Emilio Segrè, der Ende 1931 nach Hamburg kam. Segrè wurde 1905 in Italien geboren und erhielt 1959 den Nobelpreis für Physik für die Entdeckung des Antiprotons. Er starb 1989 in Kalifornien. 1931 war die Zeit, in der Stern bedeutende Entdeckungen in der Physik machte. Vor 1931 war Segrè Schüler und Mitarbeiter von Enrico Fermi in Rom. Wie Segrè berichtet, war dieGruppe Sterns klein an Personen und der Austausch zwischen den Mitarbeitern war nicht so eng. Segrè berichtet in seiner Biographie über seine Eindrücke in Hamburg: *Fermi schlug vor, dass ich mein Rockefeller-Stipendium in Hamburg verbringe, um bei Stern Vakuum- und Molekularstrahltechnik zu lernen. Fermi selbst machte alles klar mit Stern. Stern hat mich einen Weg des Experimentierens gelehrt, dem ich nie zuvor begegnet war. Wenn Stern ein Experiment durchführte, dann hat er jedes Detail des Experimentes vorher berechnet und er hat mit dem Experiment nicht begonnen, ehe er in Vorexperimenten diese seine Berechnungen verifizieren konnte. Dadurch wurde wohl der Beginn des Experimentes verzögert, aber diese Methode des Arbeitens führte dazu, dass Stern sofort erkannte, wenn neue und unerwartete Ergebnisse gefunden wurden oder im Experiment irgendwo ein Fehler gemacht wurde* [51].

In Otto Sterns Nachlass [6] findet man viele eng beschriebene Seiten mit Sterns Berechnungen. Da es noch keine Computer gab, hat er alle relevanten Zahlen und Funktionen selbst berechnet. Die Vorbereitungen zu einem Experiment dauerten daher bei Stern länger als bei anderen Forschern, aber die schnelle und erfolgreiche Durchführung des Experiments war dann garantiert. Segrè arbeitete in Hamburg an der Untersuchung der Richtungsquantelung von Hyperfeinzuständen in einem Stern-Gerlach-Feld. Das Experiment, bei dem ihn Otto Frisch sehr unterstützte, ergab aber nicht das Ergebnis, das sie erwartet hatten. Erst später lernten sie von Rabi (1936), dass die Kernspinkomponente von Kalzium 3/2 statt der angenommenen ½ war, was alle Diskrepanzen zwischen Experiment und Theorie eliminierte.

Es waren nicht nur seine Mitarbeiter sondern auch seine Professorenkollegen die in Sterns Hamburger Zeit in seinem Leben und wissenschaftlichen Wirken eine Rolle spielten. An erster Stelle ist hier Wolfgang Pauli zu nennen, einer der bedeutendsten Theoretiker der neuen Quantenphysik. 1945 wurde ihm der Nobelpreis für Physik verliehen. Wie schon erwähnt, war er 1923 fast zeitgleich mit Stern nach Hamburg gekommen. Wie Stern erzählte, sind sie fast immer zusammen zum Essen gegangen und meist wurde dabei über „Was ist Entropie", oder „über die Symmetrie im Wasserstoff" oder das „Problem der Nullpunktsenergie" diskutiert. Mit Pauli erörterte er seine „Querdenkerfragen". Pauli war aber auch Anlaufstelle, wenn ein Experiment nicht so richtig funktionierte: *Wenn ich eine Pechsträhne beim Experimentieren hatte, dann habe ich Pauli zum Essen eingeladen, ihm das Leid geklagt und es hat geholfen* [5]. Umgekehrt konnte Pauli aber auch dem Experiment schaden. Daher durfte er Sterns Labor nicht besuchen.

Otto Stern war sehr abergläubig und er „wusste", wenn Pauli das Labor betrat, ging unweigerlich etwas zu Bruch. Wie Stern sagt: *Dies ist der zweite Pauli-Effekt. Es gibt kolossale, verbürgte Pauli-Effekte der zweiten Art.* Pauli blieb bis 1928 in Hamburg. Die Freundschaft mit Pauli, die in Hamburg begann, währte ein Leben lang.

Bild 27 Otto Stern zusammen mit Wolfgang Pauli auf der Fahrt zu einer Tagung in Kopenhagen (44+63)

Neben Pauli gab es noch den gleichaltrigen Theoretiker Wilhelm Lenz, von dem Stern sagt: *Kollege Lenz in Hamburg war oft gekränkt, oft eingebildet und er hat wenig gemacht* [5]. Lenz wurde 1888 in Frankfurt geboren und starb 1957 in Hamburg. Zum Wintersemester 1921/22 hatte Wilhelm Lenz seinen Dienst als erster Ordinarius für Theoretische Physik an der Universität Hamburg angetreten. Er war wie Stern von Rostock gekommen und dort Sterns Vorgänger. Seine Mitarbeiter und Schüler in den Anfangsjahren waren Physiker, die alle sich einen großen Namen in der Physik gemacht haben, wie *Ernest Ising* als Doktorand und *Wolfgang Pauli* (Nobelpreis für Physik 1945 für die Formulierung des Ausschließungsprinzips) als Assistent. Später folgten *Ernst Pascual Jordan* und *Hans Daniel Jensen* (Nobelpreis für Physik 1963 für das Kernschalenmodell).

Der Chef des Physikalischen Instituts war Peter Paul Koch. Als Stern nach Hamburg kam, war er bei Koch im Experimentellen Physikalischen Institut Gast. *Ich hatte ein gutes Verhältnis zu Koch. Koch wurde später ein scheußlicher Nazi, was mir völlig unverständlich ist* [5]. Wie aus den Briefen von Knauer und Jensen hervorgeht [6], wurde Koch nach Sterns Weggang 1933 Kommissarischer Direktor des Physikalisch Chemischen Instituts und hatte diktatorisch verfügt, dass Werkstatt und Praktikum aus dem Hauptgebäude in das neu erbaute Institut verlegt werden. Er spielte an der Jungiusstrasse zunehmend eine unangenehme Rolle, denunzierte die späteren Kollegen Harteck und Jensen bei der Gestapo und versuchte, Lenz aus dem Amt zu drängen.

In der Theoretischen Physik gab es noch den Atomphysiker Walter Gordon (* 3. August 1893 in Apolda; † 24. Dezember 1939 in Stockholm). Die Familie war jüdischer Herkunft. Walter Gordon hatte im Jahre 1921 bei Max Planck promoviert. 1922 arbeitete Gordon als Assistent von Max von Laue an der Universität Berlin. Nach mehreren Monaten in Manchester bei William Lawrence Bragg und am Kaiser-Wilhelm-Institut in Berlin-Dahlem im Jahre 1925 ging Gordon 1926 an die Universität Hamburg und habilitierte sich dort im Jahre 1929. 1930 wurde er zum Professor ernannt. Nachdem 1926 die Schrödinger-Gleichung veröffentlicht war, versuchten Oskar Klein und Walter Gordon das relativistische Analogon zur Schrödinger-Gleichung zu finden. Die Klein-Gordon-Gleichung (auch Klein-Fock-Gordon-Gleichung) ist die relativistische Feldgleichung, welche die Kinematik freier skalarer Felder bzw. Teilchen mit Spin 0 bestimmt. Es handelt sich dabei um eine homogene partielle Differentialgleichung zweiter Ordnung, die relativistisch kovariant ist. Unter dem Druck der politischen Verhältnisse in Deutschland emigrierte Gordon im Jahre 1933 nach Stockholm.

Hans Jensen (* 25. Juni 1907 in Hamburg, † 11. Februar 1973 in Heidelberg) studierte ab 1926 an der Universität Hamburg und der Albert-Ludwigs-Universität in Freiburg im Breisgau Physik, Mathematik, Physikalische Chemie und Philosophie. Nach seiner Promotion in Physik blieb er als wissenschaftlicher Assistent in Hamburg und habilitierte sich dort 1936. Er wurde 1937 Dozent und 1941 zum außerordentlichen Professor an der Technischen Hochschule Hannover ernannt. Jensen war ein klarer Gegner des Nationalsozialismus. Jensen und Stern standen auch nach Sterns Weggang aus Hamburg in brieflichen Kontakt.

Der Atom- und Astrophysiker Rudolf Minkowski (* 28. Mai 1895 in Straßburg; † 4. Januar 1976 in Berkeley) promovierte 1921 bei Rudolf Ladenburg und kam im Oktober 1922 nach Hamburg. 1933 wurde ihm als Jude die Lehrbefugnis entzogen. Er behielt aber als Frontkämpfer des Ersten Weltkriegs zunächst noch seine Stelle. Diese wurde ihm im Oktober 1935 gekündigt, als er einen einjährigen Forschungsaufenthalt am Mount-Wilson-Observatorium in den USA verbrachte, von dem er nicht mehr nach Hamburg zurückkehrte.

Bild 28 Solvay-Konferenz 1930. Otto Stern hint. Reihe 7. von links. Weitere Teilnehmer u.a.: Albert Einstein, Marie Curie, Arnold Sommerfeld, Niels Bohr, Paul Dirac, Werner Heisenberg, Wolfgang Pauli, Enrico Fermi, Peter Debey, und andere (44+63)

Hamburg war damals ein Zentrum der internationalen Physik. Stern hatte daher häufig bedeutende Physiker zu Gast. Dies führte auch dazu, dass er zu vielen Tagungen im In- und Ausland eingeladen wurde.

Was sind nun Sterns große Hamburger Experimente? Stern selbst betrachtet seine Messung der Beugung von Molekularstrahlen an einer Oberfläche (oder Gitter) als seinen wichtigsten Beitrag zur damaligen Quantenphysik. Er bemerkte dazu: *Dies Experiment liebe ich besonders, es wird aber nicht richtig anerkannt. Es geht um die Bestimmung der De Broglie-Wellenlänge. Alle Experimenteinheiten sind klassisch außer der Gitterkonstanten. Alle Teile kommen aus der Werkstatt. Die Atomgeschwindigkeit wurde mittels gepulster Zahnräder bestimmt. Hitler ist schuld, dass dieses Experiment nicht richtig in Hamburg beendet wurde. Es war dort auf dem Programm* [5].

Die ersten Experimente dazu hat Otto Stern ab 1928 mit Friedrich Knauer durchgeführt [52]. Dazu wurde das Reflexionsverhalten von Atomstrahlen (vor allem He-Strahlen) an optischen Gittern und Kristallgitteroberflächen untersucht. Die Atomstrahlen wurden unter sehr kleinen Einfallswinkeln relativ zur Oberfläche gestreut und die Streuverteilung in Abhängigkeit vom Streuwinkel und der Orientierung der Gitterebenen relativ zum Strahl vermessen. Da im Experiment das Vakuum

Bild 29 Stern beim Experimentieren in seinem Hamburger Labor (44+63)

nicht unter $1 \cdot 10^{-5}$ Torr gesenkt werden konnte, ergab sich ein grundlegendes Problem bei diesen Experimenten: Auf den Kristalloberflächen lagerten sich in Sekundenschnelle die Gasatome des Restgases ab, so dass die Streuung an den abgelagerten Atomschichten erfolgte. Dabei fand mit diesen ein nicht genau kontrollierter Impulsaustausch statt, der die Winkelverteilung der reflektierten Gasstrahlen stark beeinflusste. Trotzdem konnten Stern und Knauer schon 1928 klar nachweisen, dass die He-Strahlen spiegelnd an der Oberfläche reflektiert wurden. Beugungseffekte aber konnten noch nicht nachgewiesen werden. Die erste Mitteilung darüber machte Stern in einem Vortrag im September 1927 auf den Internationalen Physikerkongress in Como. 1929 wurde in den Naturwissenschaften [53] erstmals über den erfolgreichen Nachweis von Beugung der Atomstrahlen an Kristalloberflächen berichtet. Stern hatte die Apparatur so verbessert, dass er bei Festhaltung des Einfallswinkels des Atomstrahles auf die Kristalloberfläche auch die Kristallgitterorientierungen verändern konnte. Er beobachtete eine starke Winkelabhängigkeit der reflektierten Atomstrahlen von der Kristallorientierung. Diese Effekte konnten nur durch Beugungseffekte erklärt werden.

Da Knauers wissenschaftliche Interessen in andere Richtungen gingen, musste Otto Stern vorerst alleine an diesen Beugungsexperimenten weiter arbeiten. Er fand jedoch in Immanuel Estermann sehr schnell einen kompetenten Mitarbeiter. Beide konnten dann erste quantitative Ergebnisse zur Beugung von Molekularstrahlen publizieren und durch ihre Daten de Broglies Wellenlängenbeziehung verifizieren [54].

Zusammen mit Immanuel Estermann und Otto Robert Frisch wurde die Apparatur nochmals verbessert und monoenergetische Heliumstrahlen erzeugt. Der Heliumstrahl wurde durch zwei auf derselben Achse sitzende sich sehr schnell drehende Zahnräder geschickt. In diesem Fall kann nur eine bestimmte Geschwindigkeitskomponente aus der Maxwellverteilung durch das Zahnradsystem hindurchgehen und man hat auf diese Weise einen monoenergetischen He-Strahl erzeugt, in dem alle Atome die gleiche Geschwindigkeit, d.h. den gleichen Impuls, haben. Estermann, Frisch und Stern konnten dann 1931 über eine erfolgreiche Messung der De Broglie-Wellenlänge von Heliumatomstrahlen berichten [55]. Um ganz sicher zu gehen, hatten sie auf zwei Wegen einen monoenergetischen He-Strahl erzeugt: einmal durch Streuung der Gesamt-Maxwellverteilung an einer LiF-Spaltfläche und Auswahl einer bestimmten Richtung des gestreuten Beugungsspektrums und zum andern durch Durchgang des Strahles durch eine rotierendes Zahnradsystem. Dass der unter einem festen Winkel an einer LiF-Spaltfläche gebeugte Strahl monoenergetisch ist, haben sie durch hintereinander angeordnete Doppelstreuung überprüft.

Liest man die Originalpublikation, dann findet man eine Auflistung sehr vieler hoch raffinierter technologischer Details, die zeigen, wie genial Stern seine Experimente plante und durchdachte. Die Veröffentlichung zeigt, dass die Experimentatoren und hier vor allem Stern sich die besten Untersuchungsmethoden der damaligen Zeit ausgedacht hatten, um diese Messung mit bewundernswerter Genauigkeit durchzuführen. Als die gemessene de Brogliewellenlänge 3% von der berechneten abwich, war Stern überzeugt, dass man im Experiment irgendeinen Fehler gemacht und etwas übersehen haben musste. Stern hatte vorher alle apparativen Zahlen in typisch Sternscher Art bis auf besser als 1% berechnet. Bei der Auswertung stellten die Autoren außerdem fest: Alle Beugungsmaxima zeigen Abweichungen nach derselben Seite: Dies deutete auf einen kleinen systematischen Fehler hin, den man noch nicht erkannt hatte. In der Tat wurde später noch ein kleiner systematischer Fehler gefunden, den Stern und seine Mitarbeiter aber während des Experimentes nicht erkennen konnten. Als Fußnote am Ende der Publikation berichten sie: *Die Abweichung fand ihre Erklärung, als wir nach Abschluß der Versuche den Apparat auseinandernahmen. Die Zahnräder waren auf einer Präzisions-Drehbank (Auerbach-Dresden) geteilt worden, mit Hilfe einer Teilscheibe, die laut Aufschrift den Kreisumfang in 400 Teile teilen sollte. Wir rechneten daher mit einer Zähnezahl von 400. Die leider erst nach Abschluß der Versuche vorgenommene Nachzählung ergab jedoch eine Zähnezahl von 408 (die Teilscheibe war tatsächlich falsch bezeichnet), wodurch die erwähnte Abweichung von 3 % auf 1 % vermindert wurde.*

Diese Beugungsexperimente von Atomstrahlen lieferten nicht nur den eindeutigen Beweis, dass auch Atom- und Molekülstrahlen Welleneigenschaften haben, sondern Stern konnte auch erstmals die de Broglie-

Wellenlänge absolut bestimmen und damit das Welle-Teilchen-Konzept der Quantenphysik in überzeugender Weise bestätigen.

Eine andere Reihe von fundamental wichtigen Experimenten Otto Sterns befasste sich mit der Messung von magnetischen Momenten von Kernen, hier vor allem des Protons und des Deuterons. Otto Stern hatte schon 1926 in seiner Veröffentlichung, in der er visionär die zukünftigen Anwendungsmöglichkeiten der MSM beschrieb, vorgerechnet, dass man auch die sehr kleinen magnetischen Momente der Kerne mit der MSM messen kann. Damit bot sich mit Hilfe der MSM zum ersten Mal die Möglichkeit, experimentell zu überprüfen, ob die positive Elementarladung im Proton identische magnetische Eigenschaften wie die negative Elementarladung, das Elektron, hat. Zu dieser Zeit war wenig über die innere Struktur des Protons und der Kerne bekannt. Stern war der Pionier, der erstmals innere Eigenschaften von Kernbausteinen messen wollte und konnte. Er ging davon aus, dass das mechanische Drehimpulsmoment des Protons (der sogenannte Eigenspin) identisch zu dem des Elektrons sein muss. Nach der damals schon allgemein anerkannten Dirac-Theorie musste das magnetische Moment des Protons wegen des Verhältnisses der Massen ca. 1840 mal kleiner als das des Elektrons sein. Die von Dirac berechnete Größe für das magnetische Moment des Protons wurde ein „Kernmagneton" genannt. Otto Stern sagte dazu in seinem Züricher Interview: *Während der Messung des magnetischen Momentes des Protons wurde ich stark von theoretischer Seite beschimpft, da man glaubte zu wissen, was rauskam. Obwohl die ersten Versuche einen Fehler von 20% hatten, betrug die Abweichung vom erwarteten theoretischen Wert mindestens Faktor zwei.* [5]

Die Hamburger Apparatur war für die Untersuchung von Wasserstoffmolekülen gut konzipiert. Der Nachweis von Wasserstoffmolekülen war seit langem optimiert worden und außerdem konnte Wasserstoff gekühlt werden, so dass wegen der langsameren Molekülstrahlen eine größere Ablenkung erreicht wurde. Stern hatte erkannt, dass seine Methode Informationen über den Grundzustand und über die Hyperfeinwechselwirkung (Kopplung zwischen magnetischen Kernmomenten mit denen der Elektronenhülle) lieferte, was die hochauflösende Spektroskopie nicht leisten konnte. Die Spektroskopie von emittierten Photonen oder Elektronen ergibt nur Information über die Quantenunterschiede von angeregtem und Endzustand. Um die Quanteneigenschaften von einem angeregten Zustand zu bestimmen, muss man daher auf andere Weise (z.B. durch Stern-Gerlach-Spektroskopie) die Quanteneigenschaften vom Grundzustand ermittelt haben. Daher ist die Stern-Gerlach-Methode für die allgemeine Spektroskopie eine unersetzliche Informationsquelle.

Frisch und Stern konnten 1933 in Hamburg den Wasserstoffstrahl noch nicht monoenergetisch erzeugen. Sie erreichten daher nur eine Auflösung von ca. 10 %. Ähnlich wie bei der Apparatur zur Messung der de Broglie-Wellenlänge beschrieben Frisch und Stern auch in dieser Publikation [56] die Apparatur und die Durchführung der Messung sehr detailliert. Auch hier wird klar, welch genialer und kreativer Experimentalphysiker Otto Stern war.

Normaler Wasserstoff besteht zu 25 % aus Para- und zu 75 % aus Orthowasserstoffmolekülen. Beim Parawasserstoff sind die Kernspins beider Protonenkerne entgegengesetzt gerichtet und somit ist der Gesamtspin der Kerne und damit deren magnetisches Summen-Moment gleich Null. Es verbleibt also nur das magnetische Moment der Hülle und bei Rotation der Moleküle ein dadurch bedingtes zusätzliches magnetisches Moment. Da in diesem Experiment der Wasserstoffstrahl auf flüssige Lufttemperatur gekühlt war, waren die Moleküle zu 99 % im Rotationsquantenzustand Null. Diese Annahme konnte auch im Experiment bestätigt werden. Beim Orthowasserstoff stehen jedoch beide Kernspins parallel, d.h. das Molekül hat de facto zwei Protonenmomente. Beim Orthowasserstoff ist aus quantenmechanischen Gründen der niedrigste Rotationszustand des Moleküls jedoch ungleich Null. Sein Drehimpuls (l ist die Drehimpulsquantenzahl) ist l=1 und damit hat die Molekülhülle ein magnetisches Moment, so dass die Kopplung dieses magnetischen Moments mit den Kernmomenten berücksichtigt werden muss. Da die Kopplungskraft dieser Momente zueinander sehr klein ist, ist bei einem äußeren Feld von ca. 20000 Gauß deren Kopplung (Paschen-Back-Effekt) aufgebrochen und das in Abb. 30 dargestellte Aufspaltungsbild zu erwarten.

Die S_R-Aufspaltung (R für Molekülrotation) wurde sehr sorgfältig aus Messungen mit reinen, aber warmen Parawasserstoffstrahlen bestimmt. Die Auswertung erforderte eine Abschätzung des elektrischen

Trägheitsmoments des Wasserstoffmoleküls. Hier half der enge Kontakt zur Gruppe Enrico Fermis in Rom. Fermi bat seinen jungen Rockefeller-Fellow Hans Bethe (in Frankfurt aufgewachsen, dort auch studiert, 1967 Nobelpreis für Physik), der sich um 1932 ein halbes Jahr in Rom aufhielt, diese Abschätzung durchzuführen. Im Nachlass Otto Sterns in Berkeley befindet sich das Original dieses Bethe-Briefes, wo Hans Bethe in seiner typischen kritzeligen Handschrift diese Rechnungen durchgeführt hat. Bethe hatte eine Aufspaltung von drei Kernmagnetoneinheiten errechnet. Später zeigten direkte Messungen in Sterns Gruppe, dass diese Rechnungen den wirklichen Wert um ca. Faktor drei überschätzen mussten. Spätere Nachrechnungen in der Fermigruppe ergaben dann einen Wert von merklich unter einem Kernmagneton, so dass das Hüllenmoment die eigentliche Messung nicht sehr störte. Für das magnetische Moment des Protons erhielten Frisch und Stern einen Wert von 2-3 Kernmagnetons mit ca. 10% Fehler, was in klarem Widerspruch zu den damals gültigen Theorien, vor allem zur Dirac-Theorie, stand. Fast parallel zur Publikation [56] (Mai 1933) wurde im Juni 1933 als Beitrag zur Solvay-Conference in [57] von den Autoren Estermann, Frisch und Stern und dann von Estermann und Stern im Juli 1933 [58] ein genauerer Wert publiziert mit 2,5 Kermagneton +/- 10 % Fehler. Estermann und Stern haben wegen der großen Bedeutung dieses Ergebnisses in kürzester Zeit noch einmal alle Parameter des Experimentes sehr sorgfältig überprüft und auch bis dahin noch unberücksichtigte Einflüsse diskutiert. Auf der Basis dieser sorgfältigen Fehlerabschätzungen kommen sie zu demeindeutigen Schluss, dass das Proton ein magnetisches Moment von

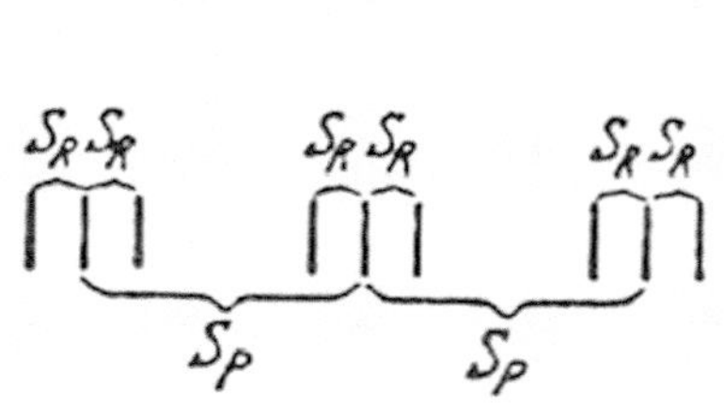

Bild 30 Links: Hyperfeinaufspaltung des Orthowasserstoffs im starken Magnetfeld. Rechts: Zeeman-Aufspaltung des Parawasserstoffs (oben: n=2 und unten: n=4). S_p kennzeichnet die Aufspaltung durch das Kernmoment des Protons und S_R die Aufspaltung durch Molekülrotation.

2,5 Kernmagneton haben muss und die Fehlergrenze den Wert von +/-10 % nicht überschreitet. Sterns Kernmoment stimmt innerhalb der Fehlergrenze mit dem heute gültigen Wert von 2,79 nahezu überein und belegt klar, dass die damals in der Physik anerkannten Theorien über die innere Struktur des Protons alle falsch waren. Stern und seine Mitarbeiter hatten damit eindeutige Beweise geliefert, dass das Proton noch eine innere Struktur hat und nicht wie das Elektron ein punktförmiges Teilchen ist. Heute wissen wir, dass die innere Struktur des Protons sehr komplex ist und die Träger der elektrischen Ladungen im Proton die Quarks sind. Murray Gell-Mann und George Zweig postulierten 1964 die Existenz dieser Quarkteilchen und Gell-Mann erhielt dafür 1969 den Nobelpreis.

1937 haben Estermann und Stern nach ihrer erzwungenen Emigration in die USA zusammen mit O. C. Simpson am Carnegie Institute of Technology in Pittsburgh diese Messungen mit fast identischer Apparatur wie in Hamburg wiederholt und sehr präzise alle Fehlerquellen ermittelt [59]. Rabi und Mitarbeiter [60] hatten 1934 mit einem monoatomigen H-Strahl das magnetische Moment des Protons zu 3,25 Kernmagneton mit einem Fehler von 10 % gemessen.

Obwohl Stern und Estermann im Sommer 1933 schon de-facto aus dem Dienst der Universität Hamburg ausgeschieden waren, haben beide noch ihre kurze verbleibende Zeit bis 1. Oktober in Hamburg genutzt, um auch das magnetische Moment des Deutons (später Deuteron genannt) zu messen. G.N. Lewis /Berkeley hatte Stern 0,1g Schweres Wasser zur Verfügung gestellt, das zu 82 % aus dem schweren Isotop des Wasserstoffs Deuterium bestand (Deuteron ist der Kern des Deuteriumatoms und setzt sich, wie wir heute wissen, aus einem Proton und einem Neutron zusammen). Da ihnen die Zeit fehlte, in typisch Sternscher Weise alle wichtigen Zahlen im Experiment (z.B. die angegebenen 82 %) sehr sorgfältig zu überprüfen, konnten sie in Ihrer Publikation „Über die magnetische Ablenkung von isotopen Wasserstoffmolekülen und das magnetische Moment des „Deutons“ [61] (eingereicht am 19. August 1933) nur einen ungefähren Wert angeben. Sie stellten fest, dass der Deuteronkern ein kleineres Moment hat als das Proton. Dies ist nur möglich, wenn das neutrale Neutron ebenfalls ein magnetisches Moment hat, das dem des Protons entgegen gerichtet ist. Heute wissen wir, dass das magnetische Moment des Neutrons (-)1,913 Kernmagneton beträgt und damit das neutrale Neutron intern auch eine elektrische Ladungsverteilung haben muss, die sich aber im größeren Abstand perfekt „zu Null addiert".

Nicht unerwähnt bleiben darf hier das in Hamburg von Otto Robert Frisch durchgeführte Experiment zum Nachweis des Einsteinschen Strahlungsrückstoßes. Einstein hatte 1917 vorausgesagt, dass jedes Photon einen Impuls hat und dieser bei der Emission oder Absorption eines Photons durch ein Atom sich als Rückstoß beim Atom bemerkbar macht. Otto Robert Frisch bestrahlte einen Na-MS mit Na-Resonanzlicht (D_1 und D_2 Linien einer Na-Lampe) und maß die durch den Photonenimpulsübertrag bewirkte Ablenkung der Na-Atome. Der Ablenkungswinkel betrug 3.10^{-5} rad, d.h. ca. 6 Winkelsekunden. Da die Experimente wegen der unerwarteten Entlassung der jüdischen Mitarbeiter Sterns in Hamburg abrupt abgebrochen werden mussten, konnte Frisch nur den Effekt qualitativ bestätigen. Otto Frisch hat dies als alleiniger Autor [62] publiziert.

Otto Stern war in Hamburg ein hochangesehener Wissenschaftler. In der Hochschulpolitik hat er sich ebenfalls engagiert. Er war im WS 1930/31 und SS 1931 Dekan und in den beiden folgenden Semestern Mitglied des Universitätssenats.

Bild 31 Otto Stern als Dekan ca. 1931 (44+63)

Durch die 1933 erfolgte Machtübernahme der Nationalsozialisten wurde Otto Sterns Arbeitsgruppe ohne Rücksicht auf ihren so großen Erfolg praktisch von einem Tag auf den andern zerschlagen. Wie oben schon erwähnt, waren alle Assistenten Sterns (außer Knauer) jüdischen Glaubens. Auf Grund des Nazi-Gesetzes zur Wiederherstellung des Berufsbeamtentums vom 7. April 1933 erhielten Estermann, Frisch und Schnurmann am 23. Juni 1933 per Einschreiben von der Landesunterichtsbehörde der Stadt Hamburg ihr Entlassungsschreiben mit folgendem Inhalt: *Auf Grund des Gesetzes zur Wiederherstellung des Berufsbeamtentums vom 7. April 1933 in Verbindung mit der zweiten Verordnung zur Durchführung dieses Gesetzes wird Ihnen hiermit Ihre Stellung als wissenschaftlicher Hilfsarbeiter am Institut für Physikalische Chemie zum 31. Juli 1933 gekündigt. Wegen der in Aussicht genommenen Entziehung der Lehrbefugnis als Privatdozent wird Ihnen weitere Nachricht zugehen* [44].

Da Stern Weltkriegsteilnehmer war, hätte er im Rahmen der sogenannten Frontkämpferverordnung vorerst seine Professur behalten können. Doch seine Entlassung war im Grunde nur eine Frage der Zeit. Stern überreichte daher sein eigenes Rücktrittsgesuch bevor er das vorhersehbare Entlassungsschreiben bekam.

Am 29. Juni.1933 schickte er aus Zürich ein Telegramm an die Hamburger Landesschulbehörde, in dem er zum 1. Oktober 1933 um seine Entlassung bat. Damit war das Ende der Arbeitsgruppe von Otto Stern in Hamburg besiegelt.

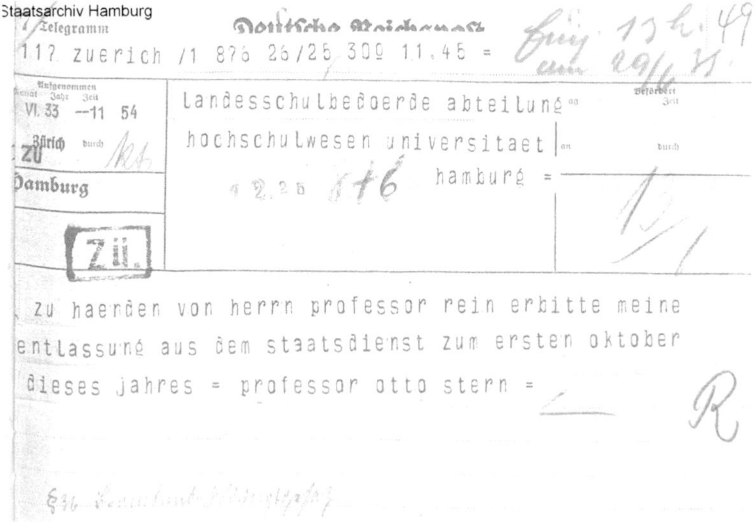

Staatsarchiv Hamburg

Telegramm

117 zuerich /1 876 26/25 300 11.45 =

landesschulbedoerde abteilung
hochschulwesen universitaet
hamburg =

zu haenden von herrn professor rein erbitte meine entlassung aus dem staatsdienst zum ersten oktober dieses jahres = professor otto stern =

Bild 32 Telegramm aus Zürich: Entlassungsantrag (44)

Am 30. Juni richtete er aus Zürich das folgende Entlassungsschreiben an die Landesschulbehörde: *Hierdurch bestätige ich der Landesschulbehörde meine telegraphisch ausgesprochene Bitte, mich zum 1. Oktober 1933 aus dem Staatsdienst zu entlassen. Ich sehe mich durch die Ereignisse der letzten Zeit zu diesem für mich äußerst schmerzlichen Schritte genötigt.*

Falls die Landesschulschulbehörde eine nähere Begründung wünscht, stehe ich hierfür nach meiner voraussichtlich am Dienstag, d. 7.VII. 1933 erfolgenden Rückkehr von dem Kongress zur Verfügung. Otto Stern Professor für Physikalische Chemie [44].

Sterns Entlassungsantrag wurde angenommen. Stern ist am 1. Oktober 1933 aus dem Staatsdienst ausgeschieden. Horst Förster (emeritierter Professor der Physikalischen Chemie der Universität Hamburg) schreibt 2009 über diese Ereignisse [63]: *Stern war ein aufmerksamer Beobachter der politischen Landschaft und eifriger Zeitungsleser. So war ihm auch sicher die am 10. Mai 1933 in Berlin erfolgte Bücherverbrennung nicht entgangen. Im Zuge dieser Verschlechterung der universitären Atmosphäre erging von der Behörde die Anordnung, das Porträt Einsteins aus seinem Dienstzimmer zu entfernen. Auf der 209. Sitzung der Mathematisch-Naturwissenschaftlichen Fakultät der Universität Hamburg vom 12. Juli 1933 standen neben anderem drei Punkte der Tagesordnung*

– Probevorlesung nebst Kolloquium Dr. Knauer,

– Entlassung des nichtbeamteten a.o. Professors f. Physik Walter Gordon,

– Wahl eines Berufungsausschusses für die Nachfolge Prof. O. Stern.

Die Habilitation von Dr. Knauer, der sich ein wenig mit dem Zeitgeist eingelassen hatte, verlief problemlos und ihm wurde die „Venia legendi" für Physik zuerkannt. Gordon war von dem am 07.04.1933 erlassenen „Gesetz über die Wiederherstellung des Berufsbeamtentums" betroffen, in dem es im § 3 heißt: „Beamte, die nicht arischer Abstammung sind, sind in den Ruhestand zu versetzen ..." Es wurde ein Berufungsausschuß, bestehend aus den Herren Rabe, Koch, Lenz, Artin und Rose, für Sterns Nachfolge gewählt. In diesem Protokoll heißt es lapidar: „Der Herr Dekan hat es übernommen, Herrn Stern für die der Fakultät geleisteten Arbeiten und Verdienste mündlich zu danken."

Nach seinem Ausscheiden aus dem Dienst der Universität Hamburg stellte Otto Stern den Antrag, einen Teil seiner Apparaturen mitnehmen zu können. Mit der Prüfung des Antrages wurde der Kollege Koch beauftragt. Er kam umgehend zu dem Schluss, dass diese Apparaturen für Hamburg keinen Verlust bedeuten und nur in den Händen von Otto Stern wertvoll sind. Otto Stern konnte somit einen Teil seiner wertvollen Apparaturen mit in die Emigration nehmen.

In dem Nachlass Otto Sterns findet sich für die Jahre 1933 bis 1945 außer dem Brief Knauers kein einziger weiterer Brief eines Hamburger Kollegen. Da ein Teil des Sternschen Nachlasses bei einem großen Wasserschaden in seiner Garage in der Cragmont Ave./Berkeley [private Mitteilung der Großnichte Diana Templeton- Killen [1]] vernichtet wurde, kann nicht ausgeschlossen werden, dass es solche Briefe gab. Ab 1946 sind dann eine Reihe von Briefen früherer Hamburger Kollegen in Otto Sterns Nachlass zu finden. Vor allem mit Hans Jensen hat Otto Stern nach 1945 zahlreiche Briefe gewechselt und ihm nach dem Krieg eine Reihe von Carepaketen geschickt.

Hans Jensen beschreibt in seinem Brief vom 12. April 1946 an Otto Stern (1+6) das Leben der Hamburger Physiker während des Krieges und der Nazizeit zurückblickend wie folgt: *Sehr verehrter, lieber Herr Stern, die Öffnung unserer Grenzen, wenigstens für die Post, gibt mir Gelegenheit, Ihnen, wenn auch verspätet, zum Nobelpreis zu gratulieren. Ich erfuhr damals davon durch das Londoner Radio – das ich aus alter Anhänglichkeit noch immer höre, ob schon der Reiz des Verbotenen weggefallen –, und es war damals erstaunlich, wie schnell sich die Nachricht in Deutschland herumsprach, und überall war man höchst erfreut, dass diese längst fällige Ehrung endlich erfolgt war.*

Ich hoffe, dass Sie mir das Wohlwollen bewahrt haben, auch durch diesen Krieg hindurch, und ich hoffe auch, dass Bohr Ihnen, wenn Sie mal wieder das Good Old Europe besuchen, bestätigen wird, dass ich nur einer von einer ganzen Zahl deutscher Physiker bin, die auch durch diese böse Zeit hindurch die Einstellung und Haltung bewahrt haben, die ich in Kopenhagen zum Ausdruck zu bringen versuchte. Vor allem das Uranproblem war im wesentlichen in guten Händen.

Als Hamburger Klatsch wird Sie vielleicht interessieren, dass Ihr geschätzter Kollege P. P. Koch sich allmählich zu einem verbissenen Nazi entwickelt hatte, und u.a. Harteck und später auch mich bei der Gestapo denunziert hat. Wir hatten damals sehr großes Glück, dass nichts Schlimmes aus der Sache wurde, denn unser „Sündenregister" bei den Nazis war, wenn sie alles gewußt hätten, natürlich nicht unerheblich; ich selbst habe Gerlach zu danken, der damals als „Bevollmächtigter für Kriegsphysik" befragt wurde und meine Angelegenheit bagatellisierte. Auch Herrn Lenz versuchte Koch aus dem Amt zu bringen, was an der anständigen Haltung der Fakultät scheiterte. – Lenz geht es relativ gut, er ist immer noch sehr um seine Gesundheit besorgt, es geht aber auch ohne Taxi und sogar das Frieren und die sehr mäßige Ernährung hat er bislang ausgezeichnet überstanden. Koch wurde im letzten Nazijahr von mehreren Leuten wohlwollend nahegelegt, sich rechtzeitig pensionieren zu lassen, z.B. schrieb ihm v. Laue, es sei gut, sich emeritieren zu lassen, solange man den Verstand dazu noch besäße, aber er hat „eisern die Stellung" gehalten bis die Engländer kamen und ihn dann alsbald aus seinem Amt entließen, ohne Pension, allein weil er „Amtswalter" bei der Partei war, ohne dass seine bösartigen Unternehmungen dabei zur Sprache kamen, er hat dann diese selbstverschuldete Situation mit Cyankali quittiert, requiescat in pace!

Ihr Hamburger „nettes kleines Institut" ist bis auf zerbrochene Fensterscheiben verschont geblieben und wird inzwischen schon wieder renoviert; die Physik ist etwas stärker mitgenommen, aber auch noch reparabel, dagegen sieht die Chemie ziemlich böse aus. Auf den physikalischen Lehrstuhl wurde mein Freund Gentner berufen, der während des Krieges die Freundschaft und enge Zusammenarbeit mit Joliot in unserem Sinne aufrecht erhalten hat. Die Hamburger freuen sich alle sehr, dass er kommen wird. Wir werden englischerseits durch Ihren Schüler Fraser betreut, der sich alle Mühe gibt, uns das Leben erträglich zu machen.

Schließlich hoffe ich wie viele andere, dass Sie bei Ihrer nächsten Europareise nicht wieder Ihren berühmten Bogen um Deutschland machen werden, sondern uns Gelegenheit geben werden, Sie auf Heimatboden begrüßen zu können; wenn auch die Hoffnung, dass Sie ganz zurückkämen, wohl zu hoch gespannt ist. Jedenfalls wird es hoffentlich recht bald sein, dass wir Sie wiedersehen.

Vielleich darf ich Sie bitten, Grüße an Pauli und Franck und selbstverständlich auch an Herrn Estermann auszurichten.

Mit den besten Grüssen stets Ihr sehr ergebener Schüler – wenn ich so sagen darf.

X. 1933 Emigration in die USA

Es war nicht leicht für die zahlreichen deutschen, von Hitler vertriebenen Wissenschaftler in den USA überhaupt eine Stelle in der Forschung zu finden, geschweige denn eine gute Stelle. Es hätte nahe gelegen wegen Sterns früherer Besuche in Berkeley, dass er dort eine neue wissenschaftliche Heimat hätte finden können. Aber dem war nicht so. Stern hatte dennoch Glück. Ihm wurde eine Forschungsprofessur am Carnegie Institute of Technology in Pittsburgh/Pennsylvania angeboten. Stern nahm dieses Angebot an und zusammen mit seinem langjährigen Mitarbeiter Estermann baute er dort eine neue Arbeitsgruppe auf.

Wie Immanuel Estermann in seiner Kurzbiographie [12] über Otto Stern schreibt: *Die Mittel, die Stern in Pittsburgh während der Depression zur Verfügung standen, waren relativ gering. Den Schwung seines Hamburger Laboratoriums konnte Stern nie wieder beleben, obwohl auch im Carnegie-Institut eine Reihe wichtiger Publikationen entstanden.*

Im neuen Labor in Pittsburgh wurde weiter mit Erfolg an der Verbesserung der MSM gearbeitet. Doch gelangen Stern, Estermann und Mitarbeitern auf dem Gebiet der Molekularstrahltechnik keine weiteren Aufsehen erregenden Ergebnisse mehr. Von Pittsburgh aus publizierte Stern sechs weitere Arbeiten zur MSM. Drei davon befassten sich mit der Größe des magnetischen Momentes des Protons und Deuterons. Dabei konnten aber keine wirklichen Verbesserungen in der Messgenauigkeit erreicht werden. Ab 1939 hatte auch hier Rabi die Führung übernommen. Rabi konnte mit seiner Resonanzmethode den Fehler bei der Messung des Kernmomentes des Protons auf weit unter 1% senken. Es verwundert, dass die von Rabi eingeführte Resonanzabsorption nicht auch von Stern übernommen und in die Pittsburgher Molekularstrahlenapparate integriert wurde. Stern konnte nach seiner Emigration in die USA der so erfolgreichen Rabigruppe keine Konkurrenz mehr machen. Das weltweite Zentrum der Molekularstrahltechnik war von nun an Rabis Labor an der Columbia-University bzw. ab 1940 Rabis Labor am MIT.

Eine Publikation Otto Sterns mit seinen Mitarbeitern J. Halpern, I. Estermann, und O.C. Simpson ist noch erwähnenswert: „The scattering of slow neutrons by liquid ortho- and parahydrogen" [64]. Sie konnten zeigen, dass Parawasserstoff eine wesentlich größere Transmission für langsame Neutronen hat als Orthowasserstoff. Mit dieser Arbeit konnten sie die Multiplettstruktur und das Vorzeichen der Neutron-Proton-Wechselwirkung bestimmen.

Otto Stern war auch nach seiner Emigration in die USA ein gefragter Redner auf wichtigen internationalen Konferenzen. Er hatte immer was Neues und Wichtiges zu sagen. Unten sieht man ihn auf einer Konferenz in Kopenhagen.

Otto Stern war sehr bemüht, anderen deutschen Emigranten zu helfen, die Einreise in die USA zu finanzieren und eine Anstellung in den USA zu finden. Zusammen mit anderen Emigranten konnte er durch den „German Scientist Relief Fund" Hilfe leisten. Am 8. März 1939 wurde er amerikanischer Staatsbürger und konnte als solcher auch als Berater bei der Kriegsforschung mitwirken. Im Nachlass in Berkeley [6] gibt es zwei Zertifikate, die diese Tätigkeit belegen.

Otto Stern hat in den USA wie auch in anderen Ländern ehrenvolle Auszeichnungen erhalten: 1930 schon wurde ihm die Ehrendoktorwürde der University of California in Berkeley verliehen und seit 1936

Bild 33
1936 Niels Bohr Institut Kopenhagen, v.l. stehend Bohr, sitzend: Pauli, Jordan, Heisenberg, Born, Meitner, Stern, Franck, v. Hevesy (1)

war er Mitglied der Königlichen Dänischen Akademie. Die höchste Auszeichnung für einen Physiker wurde ihm dann am 9. November 1944 verliehen, als er rückwirkend für 1943 den längst überfälligen Nobelpreis für Physik erhielt.

XI. Otto Stern und der Nobelpreis

Otto Stern wurde zwischen 1925 und 1944 insgesamt 83 mal für den Nobelpreis nominiert [2]. Im Fach Physik war er von 1901 bis 1950 der am häufigsten Nominierte. Max Planck erhielt 74 und Albert Einstein 66 Nominierungen. Nur Arnold Sommerfeld kam Otto Stern sehr nahe: er wurde 81 mal vorgeschlagen, aber nie mit dem Nobelpreis ausgezeichnet. Walther Gerlach erhielt übrigens 31 Nominierungen. Auch er erhielt keinen Nobelpreis. Nicht uninteressant ist, von wem Otto Stern vorgeschlagen wurde. James Franck hat Otto Stern von 1927 bis 1940 zehn mal vorgeschlagen. Unter den weiteren Nominatoren waren: Max Planck, Albert Einstein, Niels Bohr, Max Born, Willy Wien, Johannes Stark, Pierre Weiss, Max von Laue, Chandrasekhara Raman, Oscar Klein, Werner Heisenberg, Friedrich Hund, Wolfgang Pauli, Gregor Wentzel, Peter Pringsheim, Rudolf Ladenburg, Eugen Wigner, Carl David Anderson, Manne Siegbahn, Arthur Compton, Hans Bethe, und viele andere. 1934 war Otto Stern 15 mal nominiert worden, viel öfters als Clinton Joseph Davisson, dem zweiten der Vorschlagsliste mit 10 Nominierungen. 1940 erhielt Otto Stern wiederum 14 Nominierungen wesentlich mehr als alle anderen Vorgeschlagenen. Doch sowohl 1934 als auch 1940 wurden im Fach Physik keine Nobelpreise verliehen [2].

Das Nobelkommittee für Physik war von 1929 bis 1944 bis auf ein Mitglied unverändert geblieben. Es waren Vilhelm Carlheim Gyllensköld (Mitgliedschaft im Nobelkommittee: 1910-34), Carl Wilhelm Oseen (1923-44), Manne Siegbahn (1923-62), Henning Pleijel (1928-47), Erik Hulthén (1929-62) und Axel Lindh (1935-60).

Man kann sich fragen, warum Stern nicht schon 1934 zusammen mit Gerlach den Nobelpreis für den Nachweis der Richtungsquantelung erhielt? Vergleicht man die Nominatorenlisten von Stern und Gerlach, so sind sie von 1925 bis 1930 fast identisch: Stern erhielt in dieser Zeit 19 und Gerlach 16 Nominierungen und alle würdigten die große Bedeutung des Stern-Gerlach-Experimentes. Die drei Nominierungen, die Stern mehr erhielt, kamen von James Franck (2 mal) und Wilhelm Wien. James Franck schreibt 1929 in seinem Vorschlag an das Nobelkommittee: *Der Grund liegt darin, dass ich (trotz meiner persönlichen Freundschaft mit Gerlach) mich dem Eindruck nicht verschließen kann, dass Stern doch der führende Geist bei diesen Untersuchungen gewesen ist. Ich hatte mich früher zu sehr von der allgemeinen Auffassung leiten lassen, dass Stern die theoretische Idee und Gerlach die experimentelle Ausführung zuzuschreiben sei. Jetzt aber hat Stern die experimentellen Anordnungen in geradezu genialer Weise verbessert, während Gerlach zwar sehr gute Arbeiten macht, aber doch nichts Prinzipielles mehr in den letzten Jahren veröffentlicht hat* [2].

Ab 1931 wurde die Bedeutung und auch die Urheberschaft des Stern-Gerlach-Experiments von den meisten Nominatoren neu bewertet. Von 1931 bis 1944 erhielt Gerlach nur noch 15, Stern jedoch noch 63 weitere Nominierungen. Für Gerlach stimmten in dieser Zeit nur zwei Nobelpreisträger, nämlich 1931 Max von Laue und 1944 Manne Siegbahn, Stern wurde jedoch von 1931 bis 1944 zum Teil mehrmals von den ganz Großen der Physik vorgeschlagen. Dabei wurde mehr und mehr Sterns gesamte Lebensleistung gewürdigt und das Stern-Gerlach-Experiment war nur ein Teil, jedoch ein wichtiger Teil davon.

Max von Laues Vorschlag für 1934 ist ein Beispiel dafür. Laue schrieb: *Für den physikalischen Nobelpreis des Jahres 1934 schlage ich vor: Professor Otto Stern, Pittsburgh (Pennsylvania, USA). Die Physik verdankt ihm drei Leistungen: 1. Die unmittelbare Messung der thermischen Molekulargeschwindigkeit (Zeit. für Phys. 2, 49 und 3, 417 (1920). 2. Den Nachweis des magnetischen Momentes der Atome im Stern-Gerlach-Effekt, welcher dafür die von der Quantentheorie geforderten Werte ergab. Dabei war Stern nach allgemeiner Ansicht der führende Geist. 3. Den Nachweis der de Broglie-Wellen für Atome und Molekeln. Für Elektronen haben Viele diesen Nachweis geführt, zuerst Davisson und Germer in New York. Den experimentell schwierigen Nachweis für Atome aber verdanken wir ausschließlich Stern, obwohl ihm bei den Versuchen meist Mitarbeiter geholfen haben. Besonders wichtig für diesen Zweck waren die außerordentlich feinen, von Stern ersonnenen Mittel zum Nachweis eines Atomstrahls. Max von Laue, Berlin-Zehlendorf, den 5. Dezember 1933* [2].

Laue unterstützte ab 1933 also nur noch Otto Stern und nominierte Gerlach nicht mehr. Das gleiche galt für Max Planck. Der schlug für

1934 Otto Stern ebenfalls alleine vor und begründet dies mit den Verdiensten, die sich Otto Stern um die Entwicklung der MSM erworben hat, mit der er damit an einzelnen Atomen wichtige von der Theorie vorausgesagte „Erscheinungen" und die Gültigkeit der Maxwellschen Geschwindigkeitsverteilungsgesetzes oder die magnetische Aufspaltung hatte nachweisen können.

Bis 1934 war Otto Stern 47 mal nominiert worden, man sollte meinen mehr als ausreichend, um 1934 schon Nobelpreisträger zu werden. Doch 1934 wurde vom Nobelkommittee keine Leistung der Vorgeschlagenen als preiswürdig gewertet. Das fünfköpfige Nobelkommittee kam 1934 zu dem Schluss, dass die Richtungsquantelung „nichts fundamental Neues" war, da sie ja von Sommerfeld schon vorgeschlagen worden war und „dass Sterns Messung des magnetischen Momentes vom Proton (2,5 +/- 10 % Kernmagneton) im Widerspruch zu anderen Abschätzungen von Alfred Landè [2 Kernmagneton [65]] und der Messung von Rabi [3,25 +/- 10 %) [60]] stehe und daher nicht gesichert sei". Landè versuchte den von Stern gemessenen Wert dadurch zu erklären, dass er dem Proton einen höheren inneren Bahndrehimpuls zuordnet und sich damit ein höherer g-Faktor und sich somit ein größeres magnetisches Moment ergibt. In seiner Publikation leitet er für schwere Kerne einen g-Faktor von vier ab. Sterns Messwert würde g=5 entsprechen. Ein einzelnes Proton als Wasserstoffkern kann jedoch keinen Bahndrehimpuls haben, sondern nur einen intrinsischen Drehimpuls (Kernspin). Warum das Nobelkommittee daher Landès Argumente als Hindernis für einen Nobelpreis an Stern betrachtet hat, ist nach heutiger Sicht nur schwer zu verstehen.

Wie sich später zeigen sollte, war Sterns Messergebnis des magnetischen Moments des Protons innerhalb der angegebenen 10% Fehler absolut korrekt. Die existierende klare Abweichung der beiden experimentellen Werte untereinander und von den theoretischen Werten Diracs (1 Kernmagneton) und Landès (2 Kernmagneton) ließ das Nobelkommittee (Gutachter sind Siegbahn und Oseen) zögern. Eine Entscheidung für Stern wurde daher auf kommende Jahre verschoben.

Warum wichen Sterns und Rabis Messwerte mehr voneinander ab, als es die Fehlergrenzen hätten erwarten lassen? Die Messmethode war bei

Rabi als auch bei Stern eine Stern-Gerlach-Apparatur mit inhomogenem Magnetfeld. Nur die Art der Magnetfelderzeugung war in Sterns und Rabis Experiment verschieden, doch dies hätte auf den Messwert keinen Einfluss haben sollen. Offensichtlich war der experimentelle Fehler bei Rabi größer als angegeben. Man kann spekulieren, ob es für Stern und Rabi schon 1934 einen gemeinsamen Nobelpreis gegeben hätte, wenn Rabis Wert nur 10% tiefer gelegen hätte und damit die experimentellen Werte innerhalb der Fehlergrenzen perfekter übereingestimmt hätten?

So wurde im September 1934 vom Nobelkommittee beschlossen [2], 1934 den Nobelpreis für Physik nicht zu vergeben. 1935 wurde das eingesparte Geld zu 2/3 einem speziellen schwedischen Forschungsfond zugewiesen und das andere 1/3 verblieb in der Nobelstiftung.

Stern wurde auch nach 1934 jedes Jahr mehrmals nominiert [2]. Unter seinen Nominatoren waren 1940 Einstein, Pauli, Wigner, Bethe, Franck. In einem gemeinsamen Vorschlag von u.a. Einstein, Ladenburg, Wigner, Gibbs, Bethe und Pauli werden Stern und Rabi als Preisträger vorgeschlagen: Stern für die Entdeckung des anomalen magnetischen Momentes des Protons und Rabi für die Entwicklung der Magnetischen Resonanzmethode und die Messung des Quadrupolmoments des Deuterons.

Die Vorschlagenden argumentierten: *Professor Stern ist der Entdecker des anomalen magnetischen Moments des Protons, d.h. des Kerns des Wasserstoffatoms. 1933 untersuchte er mit der Molekularstrahlmethode die magnetischen Momente von Kernen, die er zuvor zusammen mit Gerlach zur Messung der atomaren magnetischen Momente benutzt hatte. Dadurch konnte er das magnetische Moment des Protons bestimmen und er fand, dass es Faktor 2,5 mal größer als erwartet war. Durch diese Entdeckung wurde die theoretische Forschung sehr motiviert, insbesonders solche, die sich für Kräfte zwischen Proton und Neutron interessieren. Sterns Entdeckung öffnete den Weg zur Messung von anderen Kernmomenten, eine Kenntnis von höchster Bedeutung zur Erklärung der Entstehung von Materie* [2] (Englischer Originaltext in Anhang G).

Bethe und Gibbs führen weiter aus: *Die Entdeckung und die Entwicklung der MSM wie auch deren erste Anwendung zur Messung von Kernmomenten sind das Verdienst Sterns. Die Methode geht zurück, als*

Stern die Methode erfand und mit Gerlach erste Experimente machte. Diese Experimente haben die Raumquantisierung nachgewiesen und sind von größter Bedeutung, aber der große Wert der Methode wird erst jetzt Klar, nachdem man die fundamental wichtigen Ergebnisse über Kerne gewonnen hat [2] (Englischer Originaltext in Anhang H).

Franck würdigt in seinem Vorschlag: *Ich würde gerne erneut das Nobelkommittee auf die herausragende Bedeutung von Otto Sterns Arbeiten zu den Atomstrahlen aufmerksam machen. Seine Forschung teilweise mit Gerlach und später anderen Mitarbeitern, zu magnetischen Momenten von Atomen und Molekülen war eins der wichtigsten Experimente auf dem Gebiet der Quantentheorie. Nach meiner Überzeugung wäre es ein großes Versäumnis, wenn Stern nicht mit dem Nobelpreis geehrt würde* [2] (Englischer Originaltext in Anhang I).

Erik Hulthèn, Mitglied des Nobelkommittees, kam 1940 in seinem ca. 20-seitigen Gutachten zu dem Schluss, dass Stern und Rabi durch ihre hervorragenden Forschungsarbeiten auf dem Gebiet der Molekularstrahltechnik und deren Anwendungen würdige Kandidaten für den Nobelpreis in Physik sind. Das gesamte fünfköpfige Kommittee einigt sich jedoch darauf, 1940 wiederum keinen Nobelpreis für Physik zu vergeben.

Friedman [66] schreibt dazu: *Oseen fand immer Gründe, Stern den Preis nicht zu geben.1934, zum Beispiel, wies er hin auf die Unterschiede zwischen Sterns Messergebnis und Diracs Vorhersage. Wie in früheren Jahren, Oseen war für Abwarten, ein Warten, das kaum zu rechtfertigen war. Es ist wahr, dass das magnetische Moment des Protons ein Puzzle war, aber Sterns Messung wurde später als richtig bestätigt, aber dies hatte eigentlich nichts mit Sterns früheren Leistungen zu tun. Falls die Unsicherheit und Misstrauen in Sterns letzte Messungen Sterns frühere Leistung getrübt hätte, warum wurde er so oft nominiert? Seine Preiswürdigkeit wurde Jahr für Jahr durch viele Nobelpreisträger bestätigt. Eine überraschende Anerkennung von Sterns Exzellenz kam 1929 von Johannes Stark. Sterns jüdische Abstammung war bekannt wie auch Starks extremer Antisemitismus, Starks Unterstützung der Nazis und Abneigung gegen die Quantentheorie. Doch Stark, wie viele andere, anerkannten die Schönheit und Genialität der Sternschen*

Experimente. Aber Oseen, „welcher geringschätzender schreiben kann als irgend ein anderer", konnte nicht überzeugt werden. Als Stern den Preis ein Jahrzehnt später erhielt, da war es schon zu spät ... Seine Forschungskarriere war zu Ende (Englischer Originaltext in Anhang K).

Stark würdigt in seinem Vorschlag an das Nobelkommittee nur die Bedeutung und Schönheit des Stern-Gerlach-Experiments. Für ihn ist jedoch Walther Gerlach der „Vater" des Experimentes und er sieht in Otto Stern nur den Mitarbeiter.

1944 aber rückwirkend für 1943 wurde Otto Stern endlich der Nobelpreis verliehen. 1943 als auch 1944 erhielt Stern nur jeweils zwei Nominierungen, doch diese waren in Schweden von großem Gewicht: Hannes Alfven 1943 und Manne Siegbahn 1944 hatten ihn nominiert [2]. Manne Siegbahn schlug 1944 außerdem Isidor Rabi und Walter Gerlach vor. Seine Nominierung war extrem kurz und ohne jede Begründung und am letzten Tag der Einreichungsfrist geschrieben. Hulthèn war wiederum der Gutachter und er kam in seinem Gutachten dieses Mal zu dem Schluss, dass Stern und Rabi mit dem Nobelpreis ausgezeichnet werden sollten. Das Nobelkommitte stimmte diesem Vorschlag zu. Am 11. September 1944 unterzeichnete das Nobelkommittee (auch Oseen) die Nobelpreisentscheidung für Physik für die Jahre 1943 und 1944. Oseen starb am 7. November 1944. Die Namen der Preisträger 1943/44 wurden am 9. November 1944 bekannt gegeben. Stern erhielt den Nobelpreis für das Jahr 1943. Isi-

DEN 27 NOVEMBER 1895 UPPRÄTTADE TESTAMENTET BESLUTIT ATT TILLDELA DET PRIS SOM FÖR ÅR 1943 BORTGIVES ÅT DEN SOM INOM FYSIKENS OMRÅDE HAR GJORT DEN VIKTIGASTE UPPTÄCKT ELLER UPPFINNING TILL

OTTO STERN

FÖR HANS BIDRAG TILL UTVECKLINGEN AV MOLEKYLSTRÅLMETODEN OCH UPPTÄCKTEN AV PROTONENS MAGNETISKA MOMENT

STOCKHOLM DEN 10 DECEMBER 1944

KONGL. WETTENSKAPS ACAD.

Bild 34 Sterns Nobelurkunde (1)

dor Rabi bekam den Physikpreis für 1944. Gerlach ging leer aus. Die offizielle Begründung für Stern's Nobelpreis lautet: *„Für seinen Beitrag zur Entwicklung der Molekularstrahlmethode und die Entdeckung des magnetischen Momentes des Protons."*

Da Siegbahn auch Gerlach vorgeschlagen hatte, kann man davon ausgehen, dass er den Nachweis der Richtungsquantelung für preiswürdig hielt. Wäre diese gewürdigt worden, hätte man Gerlach und Sommerfeld sowie eventuell auch Debye mit in Betracht ziehen müssen. Debye erhielt übrigens 33 Nominierungen für den Physiknobelpreis, der ihm aber nie verliehen wurde und „nur" 14 Nominierungen für den Chemienobelpreis, den er 1936 in Stockholm entgegennahm.

Die Rede im schwedischen Radio, die E. Hulthèn am 10. Dezember 1944 zum Nobelpreis an Otto Stern hielt, würdigte dann überraschend an erster Stelle die Entdeckung der Raumquantisierung und weniger die in der Nobelauszeichnung angegebenen Leistungen.

The Nobel Prize in Physics 1943: Presentation Speech by the Nobel Committee/ Professor Erik Hulthèn [2]

I shall start, then, with a reference to an experiment which for the first time revealed this remarkable so-called directional or space-quantization effect. The experiment was carried out in Frankfurt in 1922 by Otto Stern and Walter Gerlach, and was arranged as follows: In a small electrically heated furnace, was bored a tiny hole, through which the vapour flowed into a high vacuum so as to form thereby an extremely thin beam of vapour. The molecules in this so-called atomic or molecular beam all fly forwards in the same direction without any appreciable collisions with one another, and they were registered by means of a detector, the design of which there is unfortunately no time to describe here. On its way between the furnace and the detector the beam is affected by a non-homogeneous magnetic field, so that the atoms – if they really are magnetic – become unlinked in one direction or another, according to the position which their magnetic axes may assume in relation to the field. The classical conception was that the thin and clear-cut beam would consequently expand into a diffuse beam, but in actual fact the opposite proved to be the case. The two experimenters found that the beam divided up into a number of relatively still sharply defined beams, each corresponding to one of the just mentioned discrete positional directions of the atoms in relation to the field. This confirmed the space-quantization hypothesis. Moreover, the experiment rendered it possible to estimate the magnetic factors of the electron, which proved to be in close accord with the universal magnetic unit, the so-called „Bohr's magneton". When Stern had, so to speak, become his own master, having been appointed Head of the Physical Laboratory at Hamburg in 1923, he was able to devote all his energies to perfecting the molecular beam method. Among many other problems investigated there was a particular one which excited considerable interest.

It had already been realized when studying the fine structure of the spectral lines that the actual nucleus of the atom, like the electron, possesses a rotation of its own, a so-called „spin". Owing to the minute size of the nuclear magnet, estimated to be a couple of thousand times smaller than that of the electron, the spectroscopists could only determine its size by devious ways – and that too only very approximately. The immense interest attaching in this connection to a determination of the magnetic factors of the hydrogen nucleus, the so-called proton, was due to the fact that the proton, together with the recently discovered neutron, forms the basic constituent of all the elements of matter; and if these two kinds of particles were to be regarded, like the electron, as true elementary particles, indivisible and uncompounded, then as far as the proton is concerned, its magnetic factor would be as many times smaller than the electron's as its mass is greater than the electron's, implying that the magnetic factor of the proton must be, in round figures, 1,850 times smaller than the electron's. Naturally then, it aroused great interest when, in 1933, Stern and his colleagues made this determination according to the molecular beam method, it being found that the proton factor was about $2^1/_2$ times greater than had theoretically been anticipated. Naturally then, it aroused great interest when, in 1933, Stern and his colleagues made this determination according to the molecular beam method, it being found that the proton factor was about $2\,^1/_2$ times greater than had theoretically been anticipated.

Ins Deutsche übersetzt lautet die Laudatio: *Ich will mit dem Hinweis auf ein Experiment beginnen, das zum ersten Male die so wichtige, sogenannte Raumquantisierung nachweisen konnte. Das Experiment wurde 1922 von Otto Stern und Walther Gerlach in Frankfurt durchgeführt. In einem kleinen Elektroofen, in den ein kleines Loch gebohrt war, wurde Dampf (Silber) erzeugt. Dieser Dampf formte im Vakuum einen sehr fein ausgeblendeten Dampfstrahl. Die Moleküle in diesem sogenannten Atom- oder Molekularstrahl flogen alle geradlinig ohne aneinander zu stoßen, sie wurden mit einem Detektor nachgewiesen, der hier aus Zeitgründen nicht beschrieben werden kann. Auf seinem Weg zwischen Ofen und Detektor wurde der Strahl einem inhomogenen Magnetfeld ausgesetzt, so dass die Atome, wenn sie wirklich magnetisch waren, abgelenkt wurden in eine oder die andere Richtung abhängig von der Richtung der Achse ihres inneren Magnetfeldes. Die klassische Vorstellung war, dass der scharf ausgeblendete Strahl aufgeweitet würde isotrop in alle Richtungen. Aber das Gegenteil wurde beobachtet. Die zwei Experimentatoren fanden, dass der Strahl sich in eine Anzahl von relativ scharfen Strahlen teilt, jeder zu einer bestimmten Magnetrichtung der Atome gehörend in Bezug zum äußeren Feld. Dieses bestätigte die Hypothese der Raumquantisierung. Außerdem konnte man im Experiment das magnetische Moment des Elektrons bestimmen, das in guter Übereinstimmung mit der universellen Einheit, dem Bohrschen Magneton gefunden wurde.*

Nachdem Stern 1923 zum Direktor der Physikalischen Chemie in Hamburg berufen worden war, konnte er die Molekularstrahlmethode perfektionieren. Unter den vielen von ihm untersuchten Problemen war eins von ganz besonderem Interesse. Durch Untersuchung der Feinstruktur der Spektrallinien wußte man, dass der Kern rotiert und einen „Spin" haben muß. Entsprechend der Größe des magnetischen Moments des Kerns, einige tausend mal kleiner als das des Elektrons, die Spektroskopiker konnten für seine Größe nur grobe Abschätzungen liefern. Es bestand riesiges Interesse in der Bestimmung des magnetischen Momentes vom Wasserstoffkern, da das Proton zusammen mit dem kürzlich entdeckten Neutron die Grundbausteine aller Elemente darstellt; und ob diese zwei Arten von Teilchen ähnlich dem Elektron als wahre

Elementarteilchen zu betrachten sind, unteilbar und nicht zusammengesetzt, und soweit es das Proton betrifft, sein magnetischer Faktor sovielmal kleiner als seine Masse größer als die des Elektrons ist, in groben Zahlen ca. 1850 mal kleiner als der des Elektrons. Natürlicher Weise war es 1933 von großem Interesse als Stern und seine Kollegen mittels der MSM diese Messung machten und feststellten, dass der Proton Faktor 2,5 mal größer war als theoretisch vorausgesagt.

Die Nobelpreise an Stern, Rabi und an zwei weitere Medizinnobelpreisträger aus den USA wurden dann am 10. Dezember 1944 im Walldorf Astoria in New York vom Botschafter Eric Boström überreicht. Am 15. Dezember 1944 wurde Otto Sterns Nobelpreis auch in Pittsburgh gewürdigt. Das Carnegie Institut hatte die Honorationen der Stadt Pittsburgh eingeladen und viele Freunde Otto Sterns waren gekommen, darunter auch James Franck, Wolfgang Pauli, Isidor Rabi und Felix Bloch.

Stern gab übrigens einen Teil seines Nobelpreisesgeldes (30000 US$) an seine früheren Mitarbeiter weiter. Otto Robert Frisch bot er 1000 $ an [67]. Nachzutragen ist, dass 1933 der Frankfurter Richard Wachsmuth Otto Stern (aber nicht Gerlach) für den Nobelpreis für Physik vorgeschlagen hatte [2], obwohl er 1921 Otto Sterns Verbleiben in

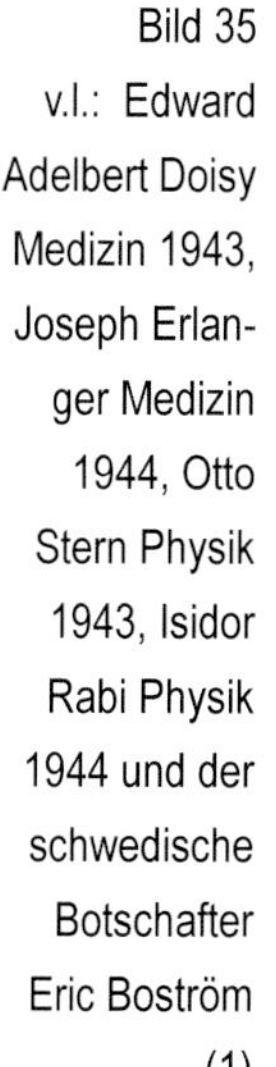

Bild 35 v.l.: Edward Adelbert Doisy Medizin 1943, Joseph Erlanger Medizin 1944, Otto Stern Physik 1943, Isidor Rabi Physik 1944 und der schwedische Botschafter Eric Boström (1)

Frankfurt verhindert hatte. Wie uns die Nobelstiftung auf Anfrage bestätigt hat, wurde Otto Stern nie bei einer Nobelpreisverleihung in Stockholm geehrt und er hat an keiner Nobelfeier in Stockholm teilgenommen.

Nicht lange nach dem Erhalt des Nobelpreises ließ sich Otto Stern im Alter von 58 Jahren emeritieren. Er hatte sich in Berkeley, wo seine älteste Schwester wohnte, in der 759 Cragmont Ave. ein Haus gekauft, um dort seinen Lebensabend zu verbringen. Zusammen mit seiner jüngsten unverheirateten Schwester Elise wollte er dort leben. Doch seine Schwester starb unerwartet im Jahre 1945.

Bild 36 Otto Sterns Haus in Berkeley, 759 Cragmont Avenue (1)

XII. Die Berkeley-Zeit (1946-1969)

Nachdem Otto Stern sich 1946 in Berkeley zur Ruhe gesetzt hatte, hat er sich aus der aktuellen Wissenschaft weitgehend zurückgezogen. Nur zwei wissenschaftliche Publikationen sind dort entstanden, eine 1949 über die Entropie und die andere 1962 über das Nernstsche Theorem. Wie Emilio Segrè in seiner kurzen Biographie über Stern berichtet [68], war Stern jedoch regelmäßiger Besucher der Kolloquia und Seminare in Berkeley. In einen Seminarvortrag, den Anfang der sechziger Jahre der junge „assistent professor“ Dudley Herschbach (Nobelpreis in Chemie 1987) über seine Arbeiten zu chemischen Reaktionen gab [28], spielte die MSM eine zentrale Rolle. Herschbach erwähnte daher oft in seinem Vortrag den Namen Otto Sterns. Nach dem Vortrag wurde Herschbach gefragt, ob er den älteren Mann im dunklen Anzug in der letzten Reihe sitzend kenne. Der verneinte. Dieser ältere Zuhörer war Otto Stern. Dudley Herschbach war Otto Stern bis dahin nicht begegnet. Von da ab besuchte Herschbach Otto Stern viele Male in seinem Haus in der Cragmont Avenue (s. links) mit dem Blick über die San Francisco Bay. Otto Stern hat ihm bei diesen Besuchen alte Anekdoten erzählt. Dudley Herschbach wurde ein großer Verehrer und Freund von Otto Stern und hat später viele Vorträge über den großen Wissenschaftler Otto Stern gehalten und zusammen mit Bretislaw Friedrich [28] einige Artikel über Otto Stern geschrieben.

Nach dem Kriege besuchte Stern fast jedes Jahr Europa. Sein zweites Zuhause wurde Zürich und die Schweizer Berge. Vor allem das Engadin mit Chantarella hatte es ihm angetan. In der Pension Tiefenau (heute Claridge Hotel) in der Steinwiesenstrasse 8 nahe der Altstadt in Zürich war er Dauergast.

Offiziell hat er nie mehr Deutschland besucht. Seine in der Bancroft Library aufbewahrten Pässe [6] zeigen aber Einreisevisa für Deutschland. Sie belegen, dass er nach dem Kriege doch deutschen Boden betreten hat: mehrere Male auf der Durchreise von Holland oder Dänemark in die Schweiz, 1955 als er seinen alten Freund Max Volmer und dessen Frau Lotte in Berlin besuchte. Das letzte Mal war er zum Besuch der

Nobelpreisträgertagung 1968 in Lindau, wo er über den Bodensee von Zürich aus einreiste.

Obwohl er viele Einladungen von Freunden bekam, u.a. von Max von Laue zu besonderen Anlässen, wie Max Plancks 90. Geburtstag in Göttingen, ist er diesen Einladungen nie gefolgt. Als man ihm nach dem Krieg sein ihm zustehendes Emeritusgehalt von der Universität Hamburg wieder zahlen wollte, lehnte er diese Zahlung ab. Er hatte mit Deutschland für immer gebrochen, aber nicht mit seinen Freunden und der deutschen Kultur. Aus dem in den Archiven vorhandenen Briefverkehr geht hervor, dass er zwei seiner Physikerfreunde, nämlich Max von Laue und Hans Jensen direkt nach Kriegsende oft mit Carepaketen bedacht hat. Wahrscheinlich haben auch Max Volmer und andere von ihm Pakete erhalten. Stern versorgte Laue nicht nur mit Nahrungsmitteln sondern auch mit Kleidung. Die Familie Laue war im Krieg in Berlin ausgebombt worden und hatte praktisch alles verloren. Stern schenkte Laue Geld, damit er sich bei einem Aufenthalt in Zürich einen Anzug kaufen konnte. Diesen brauchte er, um bei seinen hohen Ämtern in den verschiedenen physikalischen Organisationen angemessen auftreten zu können. Zum Anzug fehlte ihm die passende Weste. In seinem Brief an Otto Stern (1+6) vom

Bild 37 Pension Tiefenau, Steinwiesenstr. 8/Zürich heute Hotel Claridge.

1. Oktober 1947 fragt dann Laue sehr direkt, ob Stern ihm von Zürich aus nicht noch die passende Weste schicken könne. Laue hatte zu Stern offenbar ein so gutes Verhältnis, dass er auch Stern für andere Physikerkollegen in Deutschland um Hilfe bat, z.B. für die Familie Flügge. Ob es um Briefpapier oder das Farbband für die Schreibmaschine ging, Stern sollte für Laue die verschiedensten Sachen des täglichen Bedarfs besorgen.

Doch es ging in den vielen Briefen, die zwischen Laue und Stern in der Nachkriegszeit ausgetauscht wurden, nicht nur um Hilfe bei den Dingen des täglichen Lebens. Nach den noch vorhandenen Archivunterlagen in Berkeley [6] und in Frankfurt [3] wurden die Briefe oft in nur dreimonatigen Abständen geschrieben. Laue versuchte Stern wieder stärker an die deutschen Physiker heran zu führen. Am 11. Juni 47 schrieb Laue: *Sehr schmerzlich war es mir, neulich in der Akademie (Göttingen) zu hören, daß Sie und einige andere ehemalige Mitglieder der Akademie*

Bild 38 1937 Otto Stern und Lise Meitner in Kopenhagen (1)

jetzt nicht wieder beitreten wollen. Es mag ja sein, daß es Ihnen eine gewisse Überwindung gekostet hätte, aber solche Überwindung müssen wir jetzt alle üben, und zwar recht oft, wenn die Zukunft der Welt überhaupt wieder friedlich aussehen soll.

In einem Brief vom 1. Oktober 1947 heißt es: *Dass Sie über die Empfindungen, die Ihnen das Dritte Reich aufzwang, nicht hinwegkommen, ist sehr zu bedauern, wenn auch verständlich. Wir alle müssen solche Ressentiments über Bord werfen, wenn die Menschheit nicht zu Grunde gehen soll. Um die so notwendige Überführung der Welt in einen neuen Zustand, die* [der] *schließlich einmal kommt, setzt sich um so schneller und mit um so weniger Geburtswehen durch, je schneller und gründlicher wir dies tun. Selbst der geschickteste Staatsmann kann ohne Gesinnungsänderung aller Menschen nichts Wesentliches erreichen. Sie brauchen ja nur in die Zeitungen zu sehen, um dies illustriert zu finden* (1+6). Stern blieb jedoch bei seiner Meinung.

Sehr bald nach dem Krieg lud Otto Stern Max von Laue und seine Frau zu einem Ferienaufenthalt nach Zürich ein. Selbstverständlich alles auf Sterns Kosten. Ein solcher Besuch war nach Kriegsende jedoch nicht einfach. Da Laue in der Britischen Zone lebte, brauchte er von den Engländern eine Erlaubnis. Zum Glück war der englische Wissenschaftsbe-

Bild 39 Niels Bohr und Otto Stern (1)

auftragte Ronald Fraser Sterns früherer Mitarbeiter in Hamburg. Mit seiner Hilfe und der Hilfe Schweizer Physiker konnte das Einreiseproblem dann doch gelöst werden.

Wie aus Briefen mit Jensen, Laue, Meitner etc. hervorgeht, hat Otto Stern jede Gelegenheit genutzt, irgendwo auf einer Tagung in Europa oder Kopenhagen, London und vor allem in Zürich seine alten Freunde zu treffen. Oft hat es geklappt, manche Besuche mussten aber wegen Krankheit abgesagt werden. Doch nirgendwo wird auf ein Treffen mit deutschen Freunden auf deutschem Boden hingewiesen. Otto Stern hat wohl mit Lise Meitner die meisten Briefe ausgetauscht, dann folgt Max von Laue (auch gibt es eine Reihe Briefe von Albert Einstein und Isidor Rabi sowie Emilio Segrè). Nur einen Brief von Gerlach gibt es in Otto Sterns Nachlass, umgekehrt nur eine Postkarte von Stern in Gerlachs Nachlass. Der Kontakt zwischen Stern und Gerlach war offensichtlich vor allem ein wissenschaftlicher. Diana Templeton-Killen, die Großnichte von Otto Stern und ca. 20 Jahre mit ihm in näherer Umgebung in Berkeley zusammen lebend, beschreibt diese Beziehung als nicht von Sympathie getragen. Nach dem Tod von Otto Sterns Schwester Berta 1963 waren die Familie Templeton die einzigen Verwandten Sterns in der Bay Area. Liselotte Templeton hat auch den Nachlass Otto Sterns übernommen und später der Bancroft Library übergeben [1].

Bild 40 Otto Stern zusammen mit seiner Nichte Lieselotte Templeton geb. Kamm, Tochter von Otto Sterns ältester Schwester Berta (1)

Seine engsten Freunde unter den Physikern waren neben seinem Mitarbeiter Immanuel Estermann: Albert Einstein, Max von Laue, Karl Ferdinand Herzfeld, James

Franck, Max Volmer, Max Born, Niels Bohr, Wolfgang Pauli, Hans Jensen, Lise Meitner und der Otto Robert Frisch.

Wie schon erwähnt, empfing Otto Stern viele Ehrungen. 1945 wurde er Mitglied der „National Academy of Sciences" der USA, er wurde 1960 mit der Ehrendoktorwürde der ETH-Zürich ausgezeichnet und zu seinem 70-zigsten und später nach seinem Tod zum 100sten Geburtstag wurden spezielle Buchausgaben zu seinen Ehren von seinen Schülern, Enkeln und vielen Anwendern der MSM herausgebracht.

Zu seinen Geburtstagen erhielt er von seinen Schülern und Freunden Briefe, die nicht nur Glückwünsche enthielten, sondern zeigen, wie viel seine Schüler ihrem großen Lehrer zu verdanken hatten. Rabi hat seine Glückwünsche zu Sterns 60. Geburtstag in einer „einseitigen Publikation" im „Journal UZM" (Untersuchungen zur Molekularstrahlmethode) zusammengefasst und in Formeln, Zeichnungen und Worten (z.B. Ottos Motto: *Lichtstrahlen sind zum Brechen, Molekularstrahlen sind zum Kotzen*) die Erfahrungen mit dem Umgang der Molekularstrahltechnik zum Ausdruck gebracht.

Zum 70. Geburtstag, den Otto Stern in kleinem Kreis von Freunden und Familie in Berkeley feierte, waren Wolfgang Pauli und Max von Laue gekommen [private Mitteilung von Liselotte Templeton, Nichte Otto Sterns [1]]. Zu seinem 80. Geburtstag erhielt Otto Stern u.a. Glückwünsche von zwei seiner ehemaligen Schüler: Emilio Segrè und Hans Jensen [6]. Beide würdigen die besondere Art des Denkens, die Otto Stern ihnen in Hamburg vermittelt hatte.

Bild 41 Isidor I. Rabis Gruss zum 70. Geburtstag (6)

Segrè schrieb: *Ich gab Vorlesungen zur Geschichte der Kernphysik und bei dieser Gelegenheit bemerkte ich, dass Sie am 17. Februar 80 werden. Ich kann diese Gelegenheit nicht verstreichen lassen, ohne Ihnen meine Glückwünsche, meine Bewunderung und besten Wünsche zu übermitteln.*

Ich lernte eine Menge in den alten Tagen 1930 bis 1933 in Hamburg. Mehr als Sie denken und ich bin dankbar für das Lernen und Ihr Vorbild als Wissenschaftler. Mit den besten Wünschen für immer Emilio Segrè.

Hans Jensens Brief lautete: *Lieber Herr Stern, am letzten Montag war ich zusammen mit Herrn Segrè in Florida und wir sprachen viel von Ihnen und unseren gemeinsamen Lehrjahren in Hamburg, von dem Geist, in dem Sie in der Wissenschaft lebten und der uns unser Leben lang richtungsweisend wurde. Wenn ich auch von Herrn Lenz, wie so vieles andere, auch seine Abneigung gegen willkürliche Caesuren im menschlichen Dasein übernommen habe, so möchte ich doch Ihren 80. Geburtstag zum Anlass nehmen, Ihnen zu sagen, wie tief ich gerade Ihnen in Dankbarkeit verbunden bin. Ich habe immer all die Jahre Ihrer als meines Lehrers ebenso gedacht wie an Herrn Lenz und es oftmals ausgesprochen. Es ist ja fast unmöglich, Impenderabilien des Lehrer-Schüler-Verhältnisses in Worten zu formulieren und doch wird es einem im Rückblick immer kostbarer, je mehr einem aufgeht, daß es nicht der Stoff war, sondern des „zwischen den Zeilen" Aufgenommenen, das der Physik das menschliche Element gab-; und ich hoffe, daß ich auch noch davon einiges aus der Generation meiner Lehrer an die nachfolgenden Generationen vermitteln kann, in dieser Zeit, in der die Physik immer unpersönlicher wird.*

Nachdem ich selbst nun auch die Schwelle zum siebenten Jahrzehnt überschritten habe, wird freilich der Altersunterschied zu meinen Lehrern immer relevanter und ich habe immer mehr das Gefühl, eigentlich mehr zu ihnen zu gehören als zu meinen Schülern. Ich möchte Ihnen aber auch bei diesem Anlaß nochmals meinen Dank sagen für die Grüße, die Sie mir nach 1945 sandten. Wie viel damals, als nach den zwölf grauenvollen Jahren es in Deutschland wieder ein wenig Licht zu werden begann, Ihre Grüße in unserer Isoliertheit herüber uns Mut und Zuversicht gegeben haben, läßt sich nicht in Worten sagen, obwohl es mir jetzt nach fast einem Vierteljahrhundert, immer noch lebendig gegenwärtig ist. Mit allen guten Wünschen Ihr Hans Jensen

Wie schon erwähnt, Zürich wurde nach dem Krieg Otto Sterns zweite Heimat. Fast jedes Jahr war ein monatelanger Besuch in der Schweiz für ihn ein Muss. Er hat fast immer mit dem Schiff den Ozean überquert. Seine Ankunftshäfen waren u.a. Southampton und Rotterdam. Erst im hohen Alter hat er wegen der kürzeren Reisedauer das Flugzeug benützen müssen. Wie seine Nichte Liselotte Templeton [1] berichtete, lebte Otto Stern auch nach der Emigration weiter in der deutschen Kultur. Deutsch sprechen, war für ihn fast so wichtig wie das Atmen. Auch seine Briefe zumindest zu allen seinen Freunden (auch wenn emigriert) hat er alle in Deutsch und fast immer in Sütterlinschrift verfasst.

Wie weit er Deutscher, die Kultur betreffend, in seinem Herzen geblieben ist, erhellt ein Brief, den er 1963 an Lise Meitner schrieb [69]: *Den Artikel von Frisch habe ich mit Vergnügen gelesen. Der „Großvater" ist ganz in Ordnung. Früher, als ich noch zu Kongressen ging, stellte sich manchmal ein junger Mann mit den Worten vor. „Ich bin ihr Enkel", z.B. ein Doktorand von Frisch. Sonst muss man sich doch nur über Zeitungsartikel ärgern. Erst kürzlich wurde mir einer zugeschickt, in dem die Äußerung (offenbar von einem früheren Kollegen) zitiert wird: „Stern is one of the most German Germans I ever knew" *N.Y. Times, Sept. 20, 1963, Magazine, page 30.By Arthur Olsen: Trackdown of the German Scientist.*

Bild 42
Otto Stern
nach 1960 (1)

Dieser nicht genannte Kollege muss Stern sehr gut gekannt haben. Sterns Verhalten nach dem 2. Weltkrieg gegenüber Deutschland ist nur zu verstehen, wenn man weiß, wie wichtig ihm sein „Deutschsein" vor 1933 gewesen ist.

Am 17. August 1969 beendete ein Herzinfarkt während eines Kinobesuchs in Berkeley Otto

Sterns Leben. Im Krankenhaus musste man dann den Tod dieses großen bescheidenen Wissenschaftlers feststellen. Seine Urne fand die letzte Ruhestätte auf dem „Sunset View Cemetery" in El Cerrito. Visionär, wie seine Wissenschaft war, so ist der Blick von diesem Friedhof in Richtung Pazifischer Ozean mit Sicht auf die San Franzisco Bay und die Golden Gate Brücke. Die Urne von Otto Stern, die Urnen seiner ältesten Schwester Berta verheiratete Kamm und deren Mann Walter Joseph sowie die Urne seiner jüngsten Schwester Elise haben hier ihre gemeinsame Ruhestätte gefunden. Otto Stern selbst scheint in Berkeley fast

Bild 43 Grabstätte der Familie Stern auf dem Sunset View Cemetery in El Cerrito mit Blick auf die San Franzisco Bay

vergessen zu sein. Sein Nachlass in der Bancroft Library soll nun endlich auf Mikrofilm übertragen werden, so dass die dort z.T. mit Bleistift geschriebenen Notizen Sterns der Nachwelt erhalten bleiben.

XIII. Ehrungen Otto Sterns durch seine Enkelgeneration

1969 nach seinem Tod wird Otto Stern erstmals in den Physikalischen Blättern gewürdigt. Walther Gerlach und Wilhelm Schütz fassten dort ihre Erinnerungen an die gemeinsame Zeit mit Stern in Frankfurt zusammen und haben vor allem das berühmte Stern-Gerlach-Experiment beschrieben. Zu Sterns 70., 75. oder 80. Geburtstag haben die Physikalischen Blätter geschwiegen. Dass auch die Verleihung des Nobelpreises 1944 dort nicht besprochen worden war, war Folge der Naziherrschaft.

Zum 100. Geburtstag 1988 fand in Hamburg eine Gedenkfeier statt, die Peter Toschek vorbereitet hatte. Zu diesem Anlass waren viele der „Enkel und Urenkel" Otto Sterns und viele Nutzer seiner MSM nach Hamburg gekommen. Seit dieser Zeit trägt der Hörsaal des Physikalischen Instituts in Hamburg den Namen „Otto Stern Hörsaal".

Die Deutsche Physikalische Gesellschaft DPG ehrte Otto Stern 1992 auf ganz besondere Weise: Zu der bestehenden Max-Planck-Medaille, die seit 1929 als höchster Preis der DPG vergeben wurde, und an Physiker wie Planck, Einstein, Bohr, Sommerfeld, von Laue, Heisenberg, Schrödinger, Born, Hahn, Meitner, Dirac, Bethe, Fermi, Pauli und viele andere der großen Physiker verliehen wurde, wurde 1992 ein weiterer gleichrangiger Preis geschaffen, den nur Experimentalphysiker erhalten können. Dieser Preis trägt den Namen „Stern-Gerlach-Medaille". Mit dieser Benennung „Stern-Gerlach-Medaille" würdigt die Deutsche Physikalische Gesellschaft ein bahnbrechendes Experiment, das Otto Stern

Bild 44 Stern-Gerlach-Medaille 2010 der Deutschen Physikalischen Gesellschaft (Eigentum der Autoren)

als „Spiritus Rector" hat. Dies Buch möge dazu beitragen, dass die jetzigen und die kommenden Wissenschaftlergenerationen sich erinnern und verstehen, wie entscheidend Otto Stern die Physik beeinflusst hat. Otto Stern war in seinem vornehmen Auftreten und seiner vornehmen Zurückhaltung einer der großen Pioniere der Quantenphysik.

Zum Schluss soll noch Walther Gerlach zu Wort kommen. Gerlach hat Stern um ca. 10 Jahre überlebt. Gerlachs Name bleibt durch das Stern-Gerlach-Experiment mit dem Namen Otto Sterns eng verbunden. Zu Sterns Tod im Jahre 1969 schrieb Gerlach in den Physikalischen Blättern [26]: *Wer ihn kannte, schätzte seine Aufgeschlossenheit- er war ein Grandseigneur!-, seine unbedingte Zuverlässigkeit, die bei seiner schnellen Reaktion oft nicht einfachen, aber fruchtbaren Diskussionen und – wer Sinn dafür hatte- seine bis zum sarkastischen gehenden, stets überlegten Urteile über Sachen und Personen; bonzenhaftes, aber auch schlechtes Benehmen waren ihm zuwider. Obwohl von Haus aus Theoretiker, war Stern voll experimenteller Ideen, nie verlegen um einen neuen Vorschlag, wenn die Durchführung des ersten mißlang.*

XIV. Nachwort und Danksagung

Einer der Autoren dieses Buches hat für ca. 20 Jahre an der Universität Frankfurt die Einführungsvorlesung zur Atomphysik gehalten. Dabei hat er stets über das in Frankfurt durchgeführte Stern-Gerlach-Experiment gesprochen. Er musste feststellen, dass nur wenige in Frankfurt wussten, wo und wann dieses Experiment durchgeführt wurde. Um diese Erinnerung in Frankfurt bewusster zu machen, fand dann 2002 zum 80. „Jahrestag des Stern-Gerlach-Experimentes" eine große Gedenkfeier statt, auf der die Nobelpreisträger Dudley Herschbach und Richard Ernst die Festreden hielten. Dies war der Anstoß, dem neuen Experimentierzentrum für Physik am Riedberg Campus den Namen „Stern-Gerlach-Zentrum zu geben. Außerdem wurde am alten Physikgebäude eine Gedenktafel angebracht. Dies war der Beginn für den Autor, intensiv nach Dokumenten über Otto Stern und alten Sternschen Apparaturteilen zu suchen. Die Kontakte zu Bretislaw Friedrich und Dudley Herschbach und deren Artikel über Stern waren mitentscheidend, sich mit Otto Stern intensiv zu befassen. Ihnen gebührt ein großer Dank dafür.

Dank gebührt unseren Freunden aus Berkeley: Michael Prior und Howard Shugart, die den wichtigen Kontakt zur Stern Familie in Berkeley und zur Bancroft Library herstellten. Beim ersten Besuch der Nichte Otto Sterns, Lieselotte Templeton, geb. Kamm, und deren Ehemann David Templeton wurde dem Autor klar gemacht, dass die Familie Stern keinem Deutschen mehr die Hand gebe, aber dass er willkommen sei. Es schloss sich ein zweistündiges Gespräch an, dass äußerst herzlich war. Nach dem Gespräch wurden in alter deutscher Tradition die Hände gereicht und es schlossen sich noch weitere Besuche (über einige Jahre verteilt) im Hause Templeton an. Lieselotte Templeton (gest. 2009) und ihrem Mann David Templeton (gest. 2010) sind wir zu großem Dank verpflichtet. Sie haben uns wertvolle Information gegeben und uns voll unterstützt, diese Biographie über Otto Stern zu schreiben und in Frankfurt in den Originalräumen (in Zukunft Teil des erweiterten Senckenbergmuseums) die rekonstruierten Originalapparaturen (nach Gerlach sind die Originalapparaturen im Krieg vernichtet worden) wieder aufzubauen. Diese Unterstützung durch die Stern-Familie setzt sich heute fort durch Diana Templeton-Killen und Alan Templeton, denen wir auch herzlich danken möchten. Der Unterstützung durch die Bancroft Library und ihrem Kurator David Farrell gebührt ebenfalls großer Dank. Die Reise zur Bancroft Library nach Berkeley wäre für KR nicht möglich gewesen ohne die finanzielle Unterstützung durch die Deutsche Physikalische Gesellschaft. Hier möchten wir stellvertretend deren Geschäftsführer Bernhard Nunner unseren Dank aussprechen.

Großen Dank schulden wir den Historikern Dieter Hoffmann, Bretislaw Friedrich und Jost Lemmerich alle aus Berlin sowie den Wissenschaftlern aus dem Deutschen Museum in München Wilhelm Füßl, Michael Eckert und Johannes Geert Hagmann sowie Helmut Rechenberg, die uns viele wertvolle Hinweise und Informationen gegeben hat. Wir danken Tilman Sauer aus dem Einsteinarchiv in Pasadena für die Zusendung von Briefkopien. Sterns Bewunderer aus Hamburg haben uns in allen Belangen unterstützt. Hier sind wir Peter Toschek, Horst Förster, Fritz Thieme, Klaus Nagorny und Nina Schober zu großem Dank verpflichtet. Auch hat uns das Staatsarchiv Hamburg in großzügiger Weise alle vorhandenen Dokumente über Otto Stern in digitaler Form zur Verfügung gestellt.

Ganz besonderer Dank möchten wir an das Nobelarchiv richten, das uns die vollständigen Nobelprotokolle Otto Stern betreffend einsehen ließ und uns Kopien zur Verfügung stellte. Dabei haben wir vor allem Carl Grandin, Andres Barany und Annika Pontikis zu danken. Ohne die Übersetzungshilfe aus dem Schwedischen durch Ingmar Bergström, Eva Lindroth und Reinhold Schuch von der Universität Stockholm hätten wir diese Nobeldokumente nicht nutzen können. Auch Ihnen gebührt unser Dank.

Weiter haben wir Unterstützung durch die folgenden Archive erhalten: Churchill College und Trinity College in Cambridge sowie das Archiv der Carnegie Mellon University in Pittsburgh. Ihnen sowie Jennie Benford und Robert Griffith aus Pittsburgh möchten wir daher unseren Dank aussprechen.

Auch dem Archiv der ETH-Zürich gebührt unser Dank für die Einsicht in Dokumente und den Zugang zum vierstündigen Interview von

Otto Stern. Hierbei gebührt ganz besonderer Dank Bruno Lüthi, ehemals Frankfurt, der alle diese Kontakte mit der ETH hergestellt hat.

Vielen Frankfurtern haben wir zu danken: an erster Stelle Wolfgang Trageser, der seine Doktorarbeit über das Stern-Gerlach-Experiment schreibt, er hat viele wichtige Hinweise gegeben und viele Dokumente zur Verfügung gestellt. Michael Maaser, der Leiter des Universitätsarchiv in Frankfurt, danken wir für die Überlassung vieler bisher unveröffentlichter Dokumente sowie Notker Hammerstein, Kerstin Schulmeyer-Ahl und Ingmar Ahl für das Durchlesen und die sehr sorgfältigen Korrekturen des Manuskripts. Christof Matthaei, der Urenkel von Max von Laue, hat uns geholfen, Otto Sterns Briefe und Dokumente über Max von Laue aus dem Laue Nachlass in Frankfurt zu erhalten. Auch ihm gebührt unser Dank. Erich Gress und Rolf Beck haben wir für ihre Unterstützung zur Einsicht von Unterlagen der Magnetherstellerfirma Hartmann & Braun sowie der Firma Leitz/Seibert (Mikroskop) zu danken.

Ohne die Hilfe des Frankfurter Bibliothekszentrums beim Besorgen vieler alter Publikationen etc. und das Aufarbeiten der z.T. alten, schlecht lesbaren Schriften hätte dieses Buch nicht entstehen können. Hier möchten wir Pia Seyler-Dielmann, Nicole Lindemann, Viorica Zimmer, Klaus Ullmann-Pfleger und Claudia Freudenberger unseren Dank aussprechen.

Wir danken Heinz Zankl vom Deutschen Wetterdienst und Christiane Grap vom Stadtarchiv Göttingen für die Hilfe bei der Klärung wichtiger historischer Fakten.

Karin Reich und Horst Schmidt-Böcking
Frankfurt und Hamburg, den 01.03.2011

XV. Quellen

[1] Nachlass Otto Sterns, Diana Templeton-Killen, Stanford, Alan Templeton, Oakland, CA

[2] Center for History of Science, The Royal Swedish Academy of Sciences, Box 50005, SE-104 05 Stockholm, Sweden, http://www.center.kva.se/English/Center.htm

[3] Archiv der Universität Frankfurt, Johann Wolfgang Goethe-Universität Frankfurt am Main, Michael Maaser, Senckenberganlage 31-33, 60325 Frankfurt, Maaser@em.uni-frankfurt.de

[4] Einstein Papers Project, California Institute of Technology 20-7, 1200 E. California Blvd., Pasadena, CA 91125, USA, www.hss.caltech.edu/~tilman

[5] ETH-Bibliothek Zürich, Archive, http://www.sr.ethbib.ethz.ch/, Otto Stern tape-recording Folder »ST-Misc.«, 1961 at E.T.H. Zürich by Res Jost

[6] The Bancroft Library,University of California, Berkeley, Berkeley, CA 94720 6000 David Farrell, University Archivist Curator, History of Science and Technology Program, dfarrell@library.berkeley.edu,

[7] Interview with Dr. Otto Stern, By Thomas S. Kuhn At Stern's Berkeley home, May 29 & 30, 1962, Niels Bohr Library & Archives, American Institute of Physics, College Park, MD USA, www.aip.org/history/ohilist/LINK

[8] Otto Stern, Zeitschrift für Physikalische Chemie, 81, 441-476 (1913)

[9] ETH-Bibliothek Zürich, Archive, http://www.sr.ethbib.ethz.ch/, Stern Personalakte

[10] Albert Einstein und Otto Stern, Annalen der Physik, 40, 551-560 (1913)

[11] Otto Stern, Annalen der Physik, 44, 497-524 (1914)

[12] Immanuel Estermann, Biographie Otto Stern in Physiker und Astronomen in Frankfurt ed. von Klaus Bethge und Horst Klein,

Neuwied: Metzner 1989 ISBN 3-472-00031-7 Seite 46- 52, http://www.uni-frankfurt.de/fb/fb13/Dateien/paf/paf46.html
[13] Otto Stern, Annalen der Physik, 49, 823-841 (1916)
[14] Otto Stern, Annalen der Physik, 49, 237-260, (1916)
[15] Max Volmer: Eine Biographie zum 100. Geburtstag 1985 ISBN, 37983 1053 x Univ. Bibliothek der TU-Berlin, Seite 20
[16] Max Volmer und Otto Stern, Zeitschrift für Physik, 20, 183-188 (1919)
[17] Max Volmer und Otto Stern, Annalen der Physik, 59, 225-238 (1919)
[18] Max Volmer und Otto Stern, Zeitschrift für wissenschaftliche Photographie, Photophysik und Photochemie, 19, 275-287 (1920)
[19] Max Born und Otto Stern, Sitzungsberichte, Preussische Akademie der Wissenschaften, 48, 901-913 (1919)
[20] Max Born, Mein Leben, Die Erinnerungen des Nobelpreisträgers, Nymphenburgerverlagshandlung GmbH, München 1975, ISBN 3-485-000204-6
[21] Louis Dunoyer, Le Radium 8, 142-145, (1911)
[22] Interview with Max Born by Peter Paul Ewald at Born's home (Bad Pyrmont, West Germany) June, 1960, Niels Bohr Library & Archives, American Institute of Physics, College Park, MD USA, www.aip.org/history/ohilist/LINK
[23] Otto Stern, Physikalische Zeitschrift, 21, 582-582 (1920) und Zeitschrift für Physik, 2, 49-56 (1920).
[24] Otto Stern, Nachtrag dazu, Zeitschrift für Physik, 3, 417-421 (1920)
[25] Jost Lemmerich, Berlin, private Mitteilung
[26] Walther Gerlach, Physikalische Blätter, Bd. 25, 412-413, (1969)
[27] Peter Debey Göttinger Nachrichten 1916 und Arnold Sommerfeld Physikalische Zeitschrift, Bd. 17, 491-507, (1916)
[28] Bretislaw Friedrich and Dudley Herschbach, Stern and Gerlach: How a Bad Cigar Helped Reorient Atomic Physics , Physisc Today Dec. 2003, page 53-59 und private Mitteilung
[29] Alfred Lande', Zeitschrift für Physik 5, 231-241 (1921) und 7, 398-405, (1921)

[30] Otto Stern, Zeitschrift für Physik, 7, 249-253 (1921)
[31] Walther Gerlach und Otto Stern, Zeitschrift für Physik, 8, 110-111 (1922)
[32] Walther Gerlach und Otto Stern, Annalen der Physik, 74, 673-699 (1924)
[33] Walther Gerlach, Annalen der Physik 76, 163-197 (1925)
[34] Wilhelm Schütz, Physikalische Blätter, Bd. 25, Seite 343-345 (1969)
[35] Heinz Zankl, Deutscher Wetterdienst, Frankfurter Straße 135, 63067 Offenbach am Main, www.dwd.de; (private Mitteilung)
[36] Walther Gerlach und Otto Stern, Zeitschrift für Physik, 9, 349-353 (1922)
[37] Walther Gerlach, Physikalische Blätter Bd. 25, 472-472 (1969)
[38] Albert Einstein und Paul Ehrenfest, Zeitschrift für Physik 11, 31-34 (1922)
[39] Walther Gerlach und Otto Stern, Zeitschrift für Physik, 9, 353-355 (1922)
[40] Vortrag Walther Gerlach, Über die Entwicklungen atomistischer Vorstellungen, Physikalischer Verein Frankfurt, 2. März 1960, http://www.physikalischer-verein.de
[41] Jürgen Jaumann, http://www.juergen-jaumann.de/frame.htm
[42] Otto Stern Physikalische Zeitschrift 23, 476-481 (1922)
[43] Immanuel Estermann und Otto Stern, Zeitschrift für Physikalische Chemie 106, 399-402 (1923)
[44] Staatsarchiv Hamburg, Kattunbleiche 19, 22041 Hamburg; Personalakte Otto Stern, http://www.hamburg.de/staatsarchiv/
[45] Otto Stern, Zeitschrift für Physik, 39, 751-763, (1926)
[46] Friedrich Knauer und Otto Stern, Zeitschrift für Physik 39, 764-776 (1926)
[47] Otto Robert Frisch, What little I remember, Cambridge University Press, 1979, ISBN 0 521 22297 4, Übersetzung von Prof. Hans Motz, Oxford
[48] Isidor Isaac Rabi as told to John S. Rigden, Otto Stern and the discovery of Space quantization, Zeitschrift für Physik D, 10, 119-1920 (1988)

[49] Interview with Dr. Isidor Isaac Rabi by Thomas S. Kuhn at his New York home December 8, 1963 Niels Bohr Library & Archives, American Institute of Physics, College Park, MD USA, www.aip.org/history/ohilist/LINK
[50] Isidor Isaac Rabi, Zeitschrift für Physik, 54, 190-197 (1929)
[51] Emilio Segrè, A Mind Always in Motion, Autobiography of Emilio Segrè, University of California Press, Berkeley, 1993 ISBN 0- 520-07627-3
[52] Friedrich Knauer und Otto Stern, Zeitschrift für Physik, 53, 779-791, (1928)Z
[53] Otto Stern, Naturwissenschaften, 17, 391-391 (1929)
[54] Immanuel Estermann und Otto Stern, Zeitschrift für Physik, 61, 95-125, (1930)
[55] Immanuel Estermann, Otto Robert Frisch und Otto Stern, Zeitschrift für Physik, 73, 348-363, (1930)
[56] Otto Robert Frisch und Otto Stern, Zeitschrift für Physik, 85, 4-16, (1933)
[57] Immanuel Estermann, Otto Robert Frisch und Otto Stern, Nature, 132, 169-169, (1933)
[58] Immanuel Estermann und Otto Stern, Zeitschrift für Physik, 85, 17-25, (1933)
[59] Immanuel Estermann, O. C. Simpson und Otto Stern, Physical Review, 52,142-142, (1937)
[60] Isidor Isaac Rabi, J. M. B. Kellogg, and J. R. Zacharias, Physical Review. 46, 157-163 (1934)
[61] I. Estermann und Otto Stern, Zeitschrift für Physik, 86, 132-134, (1934)
[62] Otto Robert Frisch, Zeitschrift für Physik, 86, 42-48, (1933)
[63] Horst Förster, STERN-Jahre der Physikalischen Chemie, Universität Hamburg, Institut für Physikalische Chemie Grindelallee 117, 20146 Hamburg, private Mitteilung und W. Walter in Krause, Huber, Fischer (Hrsg.), Hochschulalltag im „Dritten Reich“. Die Hamburger Universität 1933-1945. D. Reimer Verlag, Hamburg 1991

[64] J. Halpern, Immanuel Estermann, O. C. Simpson und Otto Stern, Physical Review, 52,142 (1937)
[65] Alfred Landè, Physical Review, 44, 1028-1029 (1933)
[66] Robert Marc Friedman, The Politics of Excellence, Times Books, Henry Holt and Company, LLC New York 2001, ISBN 0- 7167-3103-7
[67] Nachlass Otto Robert Frisch, Trinity College Library, Archive, Cambridge, CB2 1TQ, archives@trin.cam.ac.uk
[68] Emilio Segrè (private Mitteilung Familie Templeton)
[69] Nachlass Lise Meitner, Churchill Archives Centre, Churchill College, Cambridge, CB3 0DS, archives@chu.cam.ac.uk

XVI. Anhang

A. Postkarte Einsteins an Stern

(Sätze sind vom Originalbrief korrekt übernommen!) (1+6)

Lieber Herr Stern,

Diesmal haben Sie daneben geschossen, wie Sie am folgenden Gleichnis erkennen. Auf horizontaler fester Unterlage liegt ein Bleistift (1. Zustand). Er kann auch stehen (2.Zustand). Energieunterschied E für beide Zustände (wegen Schwere) sehr erheblich. $e^{-E/kT}$ *für T=0 schwindelhaft klein. Also Behauptung: Der Bleistift kann beim absoluten Nullpunkt nicht stehen.*

Entsprechende Behauptung: Feste Kohle und fester Sauerstoff können bei T=0 nicht aneinander grenzen. Es gibt immer CO_2. *Beweis* $e^{-E/kT}$ *schauderhaft klein! Sie Schwindelmayer!*

Die Allgemeine Relativität ist nun fast genau, seit wir uns das letzte Mal gesehen haben endgültig erledigt. Allgemeine Kovarianz der Feldgleichungen. Periheldrehung des Merkur genau erklärt. Theorie sehr durchsichtig und schön. Lorentz, Ehrenfest, Planck, Born sind überzeugte Anhänger ebenso Hilbert.

Denken Sie über den Einwand nach. Sie werden sicher zu der Überzeugung kommen, dass er so erledigt ist.

Herzlicher Gruss von Ihrem A. Einstein

B. Postkarte Einsteins an Stern (1+6)

Lieber Stern, Ihr letzter Brief zeigt mir, dass wir uns jetzt schriftlich nicht werden einigen können. Da ich Ihnen meine Gründe bereits mitgeteilt habe, und ich nichts eigentlich Neues mehr vorzubringen habe, so schließe ich daher einstweilen unsere Diskussion. Mit Planck habe ich den Gegenstand neulich besprochen; er sieht die Sache wie ich.

Wenn Sie wieder nach Berlin kommen, wollen wir alles ins reine bringen.

Mit besten Grüßen Ihr A. Einstein

C. (Quelle 22)

„As far as I remember the main indications of the crisis were the multiplets and the Zeeman effect, and these things. That we called the zoology of terms. Landé came to my department -- I don't know the period exactly -- and was my student in Göttingen. ...Then he came to Frankfurt again, and his head was completely occupied with the paper which I didn't grasp at first. It was these whole number relations between the intensities of multiplet lines and Zeeman-effect lines. And he did it in a way which seemed to me horrible, namely, simply by guessing about numerical values. He wrote long lists of numerical values and said they must be contained in one formula -- how can one 'construct it? And he tried the most impossible things. And at last it came out. At last came a formula which gave all the results he wanted. I couldn't check it – I can never do numerical calculation problems. So I didn' t take much notice of him, and he also did not take much notice of our work, though we were sitting all the time in the same room. But two years later, or three, when we derived the square root of integers formula from quantum mechanics, we saw at once that it was very important. Some of these formulae were known before for multipletts from the Dutchman Ornstein. But for the multiplets, I think, and the expression of this "g" were first given by Landé."

D. (Quelle 48)

As a beginning graduate student back in 1923, I was greatly influenced but not convinced by the quantum theory. I suppose that is not surprising. If one tries to think logically about atomic phenomena on the basis of an undergraduate education in classical physics, the quantum theory seems like Reaganomics: it doesn't make too much sense. Neither did the phenomena for that matter. But I hoped that with ingenuity and inventiveness I could find ways to fit the atomic phenomena into some kind of mechanical system.

My hope to explain atomic phenomena mechanically died when I read about the Stern-Gerlach-Experiment. [...] Now there is nothing in physics to suggest that these magnetic moments and the angular momenta would line up in a magnetic field in any coherent fashion. Because the angular momenta could point in any direction. The results of that experiment were astounding, although they were hinted at by quantum theory.... There was no mechanism that would orient them in one way or another since leaving the source they were arranged quite statistically. In fact the whole thing was a mystery. Here was something that could not be explained by any mechanism that I could think of.

This convinced me once and for all that an ingenious classical mechanism was out and that we had to face the fact that the quantum phenomena required a completely new orientation...Of course this resolved one mystery, but substituted another, the basic mystery of quantum mechanics.

I first met Stern in the fall of 1927. I had been in Copenhagen at the Niels Bohr Institute of Theoretical Physics and Bohr made an arrangement for Yoshio Nishina and me to go and work with Wolfgang Pauli at the University of Hamburg. When I got there, I was pleased to find that Stern and his associates were engaged in very exciting molecular beam experiments. While my prime interest was with Pauli in theory, I spent time in Stern's laboratory talking with Ronald Fraser, a Scotsman, and John Taylor, an American. I came to understand the subtleties of the molecular beam experiments and recognized that the components of an atomic beam could be separated with a homogenious magnetic field. I explained the idea to Stern and he suggested I do the experiment. I was told what an honor it was to be invited by Stern to do an experiment in his laboratory. I had no job and I had a wife to support. I was in no position to refuse the honor. My experiment was a success and when it came time to write up the results, I saw a demonstration of Stern's generosity, his fairness, and his pride. "First, publish a letter in Nature", said Stern. "If you publish it first in German, they'll think it's my thing, and it's yours".

E. (Quelle 48)

When I was at Hamburg University, it was one of the leading centers of physics in the world. There was a close collaboration between Stern and Pauli, between experiment and theory. For example, Stern's questions were important in Pauli's theory of magnetism of free electrons in metals. Conversely, Pauli's theoretical researches were important influences in Stern's thinking. Further, Stern's and Pauli's presence attracted man illustrious visitors to Hamburg. Bohr and Ehrenfest were frequent visitors.

From Stern and from Pauli I learned what physics should be. For me it was not a matter of more knowledge. [...] Rather it was the development of taste and insight; it was the development of standards to guide research, a feeling for what is good and what is not good. Stern had this quality of taste in physics and he had it to the highest degree. As far as I know, Stern never devoted himself to a minor problem.

F. (Quelle 48)

The seminars were marvelous and the colloquium was very interesting, very high level, in the sense that there were different kinds of minds; Lenz, for instance, had a mind like a steel trap. He could make up things on the spot, although he never accomplished very much. Then there was Stern with his marvelous physical intuition and point of view, and Pauli with his tremendous solidity. [...] So all this was just great, all these wonderful people, and fortunately they were bachelors, so I had lunch with them every day.

G. (Quelle 2)

Professor Otto Stern is the discoverer of the anomalous magnetic moment of the proton, i.e. of the nucleus of the hydrogen atom. In 1933 he adapted to the study of the nuclear magnetic moments the method of the molecular beams, which he had previously developed with W. Gerlach for the measurements of the atomic magnetic moments. In this way he was able to measure the magnetic moment of the proton and found it to be about two and one half times greater than had been expected on the basis of the analogy with the electron. Theoretical research in various fields has been greatly stimulated by that discovery. This is especially true of those field theories which aim at the explanation of the forces acting between the protons and neutrons. Professor Stern's discovery paved the way for the measurement of other nuclear moments, a knowledge of which is of the highest importance in the solution of the problem of the constitution of matter.

H. (Quelle 2)

The discovery and development of the molecular beam method, as well as its first application to measurements of nuclear moments, are due to Stern.

[...] The method dates back to 1921 when Stern devised the method and made the first experiments together with Gerlach. These experiments which demonstrated the space quantization were themselves of the greatest importance, but the full value of the method for physical research can only be appreciated now after so many fundamental results have been obtained about atomic nuclei.

I. (Quelle 2)

I would like again to draw the attention of the Nobel committee to the outstanding importance of the work of Otto Stern on atomic rays. His researches in part with Gerlach and later with other coworkers, on the magnetic mo(ve)ment of atoms and molecules was one of the most basic experiments in the field of quantum theory [...] According to my impression it would be an omission if Dr. Stern would not be honored with Nobel Prize.

K. (Quelle 2)

Oseen always found some reason for denying Stern a prize. In 1934, for example, he pointed out, to the disparity between Sterns recent measurements of the magnetic moment of the proton and the size predicted by Dirac. As usual, Oseen called for waiting, a wait that was hardly justified. True, the question of the magnetic moment of the protons puzzled physicists, and indeed, Stern's measurements were later verified as being correct, but none of this had much to do with the earlier experimental achievements, whether judged alone or with Gerlach. If the uncertainty and mistrust surrounding this recent work so tarnished Stern's record, why did so many nominators propose him? .. His worthyness for a prize was repeatedly spelled out year after year by many Nobel laureates. A surprising acknowledgement of Stern's excellence came from Johannes Stark in 1929. Stern's jewish background was well known, as was Stark's rabid anti-Semitism, support for the Nazi party, and loathing of quantum theory. Yet Stark, like many others, appreciated the beauty and intelligence of Stern's experiments. But Oseen, "who can write more disparagingly than anyone" was not persuaded, indeed he was not willing to be persuaded [...] When Stern did receive a prize a decade later, it was already too late [...] His research carrier was over.

XVII. Publikationen von Otto Stern und seinen Mitarbeitern

1. **Otto Stern,** Zur kinetischen Theorie des osmotischen Druckes konzentrierter Lösungen und über die Gültigkeit des Henryschen Gesetzes für konzentrierte Lösungen von Kohlendioxyd in organischen Lösungsmitteln bei tiefen Temperaturen. Dissertation Universität Breslau 1912, Zeitschrift für physikalische Chemie, 81, 441, (1912)
2. **Otto Stern,** Zur kinetischen Theorie des Dampfdrucks einatomiger fester Stoffe und über die Entropiekonstante einatomiger Gase. Physikalische Zeitschrift 14, 629, (1913)
3. **Albert Einstein und Otto Stern,** Einige Argumente für die Annahme einer Molekularen Agitation beim absoluten Nullpunkt. Annalen der Physik, 40, 551, (1913)
4. **Otto Stern,** Zur Theorie der Gasdissoziation. Annalen der Physik, 44, 497, (1914)
5. **Otto Stern,** Die Entropie fester Lösungen. Annalen der Physik, 49, 823, (1916)
6. **Otto Stern,** Über eine Methode zur Berechnung der Entropie von Systemen elastische gekoppelter Massenpunkte. Annalen der Physik, 51, 237, (1919)
7. **Max Born und Otto Stern,** Über die Oberflächenenergie der Kristalle und ihren Einfluss auf die Kristallgestalt. Sitzungsberichte, Preussische Akademie der Wissenschaften, 48, 901, (1919)
8. **Max Volmer und Otto Stern,** Über die Abklingungszeit der Fluoreszenz. Physikalische Zeitschrift , 20,183, (1919)
9. **Max Volmer und Otto Stern,** Sind die Abweichungen der Atomgewichte von der Ganzzahligkeit durch Isotopie erklärbar. Annalen der Physik, 59, 225, (1919)
10. **Otto Stern,** Molekulartheorie des Dampfdrucks fester Stoffe und Berechnung chemischer Konstanten. Zeitschrift für Elektrochemie, 25, 66, (1919)
11. **Max Volmer und Otto Stern,** Bemerkungen zum photochemischen Äquivalentgesetz vom Standpunkt der Bohr-Einsteinschen

Auffassung der Lichtabsorption. Zeitschrift für wissenschaftliche Photographie, Photophysik und Photochemie, 19, 275, (1920)
12. **Otto Stern,** Eine direkte Messung der thermischen Molekulargeschwindigkeit, Physikalische Zeitschrift, 21,582, (1920)
13. **Otto Stern,** Zur Molekulartheorie des Paramagnetismus fester Salze. Zeitschrift für Physik,1, 147, (1920)
14. **Otto Stern,** Eine direkte Messung der thermischen Molekulargeschwindigkeit, Zeitschrift für Physik, 2,49, (1920). Nachtrag dazu, 3, 417, (1920)
15. **Otto Stern,** Ein Weg zur experimentellen Prüfung der Richtungsquantelung im Magnetfeld. Zeitschrift für Physik, 7, 249, (1921)
16. **Walther Gerlach und Otto Stern,** Der experimentelle Nachweis des magnetischen Moments des Silberatoms. Zeitschrift für Physik, 8, 110, (1921)
17. **Walther Gerlach und Otto Stern,** Der experimentelle Nachweis der Richtungsquantelung im Magnetfeld. Zeitschrift für Physik, 9, 349, (1922)
18. **Walther Gerlach und Otto Stern,** Das magnetische Moment des Silberatoms. Zeitschrift für Physik, 9, 353, (1922)
19. **Otto Stern,** Über den experimentellen Nachweis der räumlichen Quantelung im elektrischen Feld. Physikalische Zeitschrift, 23, 476, (1923)
20. **Immanuel Estermann und Otto Stern,** Über die Sichtbarmachung dünner Silberschichten auf Glas. Zeitschrift für physikalische Chemie, 106, 399, (1923)
21. **Otto Stern,** Über das Gleichgewicht zwischen Materie und Strahlung, Zeitschrift für Elektrochemie, 31, 448, (1924)
22. **Otto Stern,** Zur Theorie der elektrolytischen Doppelschicht, Zeitschrift für Elektrochemie, 30, 508, (1924)
23. **Walther Gerlach und Otto Stern,** Über die Richtungsquantelung im Magnetfeld. Annalen der Physik, 74, 673, (1924)
24. **Otto Stern,** Transformation of atoms into radiation. Transactions of the Faraday Society, 21, 477-78, (1926)
25. **Otto Stern,** Zur Methode der Molekularstrahlen I., Zeitschrift für Physik, 39, 751, (1926)

26. **Friedrich Knauer und Otto Stern,** Zur Methode der Molekularstrahlen II., Zeitschrift für Physik, 39, 764, (1926)
27. **Friedrich Knauer und Otto Stern,** Der Nachweis kleiner magnetischer Momente von Molekülen, Zeitschrift für Physik, 39, 780, (1926)
28. **Otto Stern,** Bemerkungen über die Auswertung der Aufspaltungsbilder bei der magnetischen Ablenkung von Molekularstrahlen, Zeitschrift für Physik, 41, 563, (1926)
29. **Otto Stern,** Über die Umwandlung von Atomen in Strahlung, Zeitschrift für physikalische Chemie, 120, 60, (1926)
30. **Friedrich Knauer und Otto Stern,** Über die Reflexion von Molekularstrahlen. Z. Physik, 53,779, (1928)
31. **Georg von Hevesy und Otto Stern,** Fritz Haber's Arbeiten auf dem Gebiet der physikalischen Chemie und Elektrochemie. Naturwissenschaften, 16,1062, (1928)
32. **Friedrich Knauer und Otto Stern,** Intensitätsmessungen an Molekularstrahlen von Gasen, Zeitschrift für Physik, 53, 766, (1929)
33. **Otto Stern,** Beugung von Molekularstrahlen, Naturwissenschaften, 17, 391, (1930)
34. **Friedrich Knauer und Otto Stern,** Bemerkung zu der Arbeit von H. Mayer „Über die Gültigkeit des Kosinusgesetzes der Molekularstrahlen." Zeitschrift für Physik, 60, 414, (1930)
35. **Otto Stern,** Beugungserscheinungen an Molekularstrahlen. Physikalische Zeitschrift, 31, 953, (1930)
36. **Immanuel Estermann und Otto Stern,** Beugung von Molekularstrahlen, Zeitschrift für Physik, 61, 95, (1930)
37. **Immanuel Estermann, Otto Robert Frisch, und Otto Stern,** Monochromasierung der de Broglie-Wellen von Molekularstrahlen, Zeitschrift für Physik, 73, 348,
38. **Immanuel Estermann, Otto Robert Frisch, und Otto Stern,** Versuche mit monochromatischen de Broglie-Wellen von Molekularstrahlen. Zeitschrift für Physik, 32, 670, (1931)
39. **Otto Robert Frisch, T. E. Phipps, Emilio Segrè und Otto Stern,** Process of space quantisation. Nature, 130, 892, (1932)

40. **Otto Robert Frisch und Otto Stern,** Die spiegelnde Reflexion von Molekularstrahlen. Naturwissenschaften, 20, 721. 1(933)
41. **Otto Robert Frisch und Otto Stern**, Anomalien bei der spiegelnden Reflektion und Beugung von Molekularstrahlen an Kristallspaltflächen I. Zeitschrift für Physik, 84, 430, (1933)
42. **Otto Robert Frisch und Otto Stern,** Über die magnetische Ablenkung von Wasserstoffmolekülen und das magnetische Moment des Protons I., Zeitschrift für Physik, 85, 4, (1933)
43. **Otto Robert Frisch und Otto Stern**, Über die magnetische Ablenkung von Wasserstoffmolekülen und das magnetische Moment des Protons. Leipziger Vorträge, p. 36, (1933)
44. **Otto Robert Frisch und Otto Stern**, Beugung von Materiestrahlen. *Handbuch der Physik* XXII. II. Teil. Berlin, Verlag Julius Springer. (1933)
45. **Immanuel Estermann, Otto Robert Frisch, und Otto Stern,** Magnetic moment of the proton. Nature, 132,169, (1933)
46. **Immanuel Estermann und Otto Stern,** Über die magnetische Ablenkung von Wasserstoffmolekülen und das magnetische Moment des Protons II., Zeitschrift für Physik, 85,17, (1933)
47. **Immanuel Estermann und Otto Stern,** Eine neue Methode zur Intensitätsmessung von Molekularstrahlen, Zeitschrift für Physik, 85,135, (1933)
48. **Immanuel Estermann und Otto Stern,** Über die magnetische Ablenkung von isotopen Wasserstoffmolekülen und das magnetische Moment des „Deutons", Zeitschrift für Physik, 86,132, (1934)
49. **Immanuel Estermann und Otto Stern,** Magnetic moment of the deuton. Nature, 133, 911, (1934)
50. **Otto Stern,** Bemerkung zur Arbeit von Herrn Schüler: Über die Darstellung der Kernmomente der Atome durch Vektoren., Zeitschrift für Physik, 89, 665, (1935)
51. **Otto Stern,** Remarks on the measurement of the magnetic moment of the proton. Science, 81, 465, (1935)
52. **Otto Stern,** A new method for the measurement of the Bohr magneton. Physical Review, 51, 952, (1937)

53. **J. Halpern, Immanuel Estermann, O. C. Simpson, and Otto Stern,** The scattering of slow neutrons by liquid ortho- and parahydrogen, Physical Review, 52,142, (1937)
54. **Immanuel Estermann, O. C. Simpson, and Otto Stern,** The magnetic moment of the proton. Physical Review 52, 535, (1937)
55. **Immanuel Estermann, O. C. Simpson, and Otto Stern,** The free fall of atoms and the measurement of the velocity distribution in a molecular beam of cesium atoms. Physical Review, 71, 238, (1947)
56. **Immanuel Estermann, S. N. Foner, and Otto Stern,** The mean free paths of cesium atoms in helium, nitrogen, and cesium vapor. Physical Review, 71, 250, (1947)
57. **Otto Stern,** The method of molecular rays. In: *Les Prix Nobel en 1946,* ed. by M. P. A. L. Hallstrom et al, pp. 123-30. Stockholm, Imprimerie Royale. P. A. Norstedt & Soner. 1949
58. **Immanuel Estermann, W. J. Leivo, and Otto Stern**, Change in density of potassium chloride crystals upon irradiation with X-rays. Physical Review 75, 627, (1947)
59. **Otto Stern,** On the term *k* Inn in the entropy. Reviews of Modern Physics, 21, 534, (1962)
60. **Otto Stern,** On a proposal to base wave mechanics on Nernst's theorem. Helvetica Physica Acta, 35, 367, (1962)

Publikationsliste der Mitarbeiter ohne Stern als Koautor

1. **Walther Gerlach,** Über die Richtungsquantelung im Magnetfeld II, Annalen der Physik, 76, 163, (1925)
2. **Immanuel Estermann ,** Über die Bildung von Niederschlägen durch Molekülstrahlen, Zeitschrift für Elektrochemie und angewandte Physikalische Chemie, 8, 441, (1925)
3. **Alfred Leu,** Versuche über die Ablenkung im Magnetfeld, Zeitschrift für Physik, 41, 551, (1927)
4. **Erwin Wrede,** Über die magnetische Ablenkung von Wasserstoffatomstrahlen, Zeitschrift für Physik, 41,569, (1927)

5. **Erwin Wrede**, Über die Ablenkung von Molekularstrahlen elektrischer Dipolmoleküle im inhomogenen elektrischen Feld, Zeitschrift für Physik 44, 261, (1927)
6. **Alfred Leu,** Untersuchungen an Wismut nach der magnetischen Molekularstrahlmethode, Zeitschrift für Physik, 49, 498. (1928)
7. **John B. Taylor,** Das magnetische Moment des Lithiumatoms, Zeitschrift für Physik, 52, 846, (1929)
8. **Isidor I. Rabi,** Zur Methode der Ablenkung von Molekularstrahlen Zeitschrift für Physik, 54, 190, (1929)
9. **Berthold Lammert,** Herstellung von Molekularstrahlen einheitlicher Geschwindigkeit, Zeitschrift für Physik, 56, 244, (1929)
10. **John B. Taylor,** Eine Methode zur direkten Messung der Intensitätsverteilung in Molekularstrahlen, Zeitschrift für Physik, 57, 242, (1929)
11. **Lester C. Lewis,** Die Bestimmung des Gleichgewichts zwischen den Atomen und den Molekülen eines Alkalidampfes mit einer Molekularstrahlmethode, Zeitschrift für Physik, 69, 786, (1931)
12. **Max Wohlwill,** Messung von elektrischen Dipolmomenten mit einer Molekularstrahlmethode, Zeitschrift für Physik, 80, 67, (1933)
13. **Friedrich Knauer,** Über die Streuung von Molekularstrahlen in Gasen I, Zeitschrift für Physik, 80, 80, (1933)
14. **B. Josephy,** Die Reflexion von Quecksilber-Molekularstrahlen an Kristallspaltflächen, Zeitschrift für Physik, 80, 755, (1933)
15. **Robert Otto Frisch,** Anomalien bei der Reflexion und Beugung von Molekularstrahlen an Kristallspaltflächen II, Zeitschrift für Physik, 84, 443. (1933)
16. **Robert Schnurmann,** Die magnetische Ablenkung von Sauerstoffmolekülen, Zeitschrift für Physik, 85, 212, (1933)
17. **Otto Robert Frisch,** Experimenteller Nachweis des Einsteinschen Strahlungsrückstoßes, Zeitschrift für Physik, 86, 42. (1933)

Einige weitere Titel der Frankfurt Academic Press

200 Jahre Physikalischer Verein / Stillt Wissensdurst

Der Physikalische Verein Frankfurt am Main wurde am 24. Oktober 2024 gegründet. In den zwei Jahrhunderten seit dem hat der Verein eine faszinierende Reise mit den und durch die Wissenschaften unternommen. Dabei hat er zahlreiche Entdeckungen, Innovationen und Erkenntnisse nicht nur begleitet, sondern zum Teil auch selbst aktiv vorangetrieben. – In dieser Festschrift wird die Vielfalt und der Facettenreichtum des Physikalischen Vereins erkundet, wie bei einem Kaleidoskop, das durch Drehen seiner Teile immer wieder neue Muster und Farben offenbart. Ganz bewusst finden sich in dieser Festschrift jedoch nicht nur einen Rückblick auf vergangene Errungenschaften, sondern auch eine Brücke in die Gegenwart und Zukunft des Physikalischen Vereins und der Naturwissenschaften.

200 Seiten im Großformat mit festem Einband mit 2 Lesebändchen zu 28 Euro, ISBN 978 3 86638 450 7

100 Jahre Physik an der Goethe-Universität in Frankfurt am Main von Klaus Bethge und Claudia Freudenberger (Herausgeber)

Zum 100. Geburtstag der Goethe-Universität in Frankfurt haben die Herausgeber den Band 100 Jahre Physik an der Goethe-Universität in den Jahren 1914 bis 2014 zusammengestellt.

Dieser Band würdigt die verstorbenen Physiker, die an der Goethe-Universität Frankfurt am Main gelehrt und geforscht haben, und schildert ihr Leben und ihre zahlreichen herausragenden Leistungen und Verdienste. – Richard Wachsmuth, der erste Rektor der jungen Stiftungs-Universität, war einer dieser Physiker.

Die Wissenschaftsgeschichte verzeichnet wesentliche Meilensteine der modernen Physik und Atomphysik in Frankfurt: Stern und Gerlach unternahmen hier ihren für die Atomphysik grundlegenden Stern-Gerlach-Versuch. Otto Stern, Max von Laue, Max Born, Hans Bethe waren als Nobelpreisträger in Frankfurt.

Die Physik hat zahlreiche faszinierende Geschichten zu erzählen – und die Autoren dieses Buches, ihrerseits Physiker von hohem Renommé, zeichnen sie entlang der Physiker-Biographien nach.
664 Seiten, Hardcover mit Lesebändchen zu 36,00 Euro

Vom Siegerland nach Germanna 1712-1734
von Horst Schmidt-Böcking
Im Jahre 1712 machte sich eine Gruppe Siegerländer Berg- und Hüttenleute mit ihren Familien auf den Weg, um beim Aufbau der Eisenerzverarbeitung in Nordamerika zu helfen. Insgesamt 42 Menschen, davon 21 aus Trupbach, erreichten im April 1714 die damals englische Provinz Virginia und gründeten die Kolonie Germanna.
Diese Siegerländer Experten in Eisenerzeugung hatten sich zur Auswanderung entschlossen, weil die Lebensbedingungen im Siegerland auf einem historischen Tiefststand waren und die kargen Böden des Siegerlandes die wachsende Bevölkerung kaum ernähren konnten.
Dieses Buch beschreibt die Wurzeln jener ersten Emigranten, welche zugleich deren größte Gruppe stellten. Der Band soll – auch in seiner parallelen englisch-amerikanischen Ausgabe und mit vielen Bildern aus der einstigen Heimat – den heute in den USA lebenden Nachkommen einen Eindruck davon geben, wie die Menschen früher im Siegerland lebten und was sie dazu bewogen haben mag, ihre Vergangenheit hinter sich zu lassen.
152 Seiten Softcover zu 28,00 Euro

Frieden ist möglich
Johannes Czwalina und Christina Gräfin Callori di Vignale
Die Autoren haben sich aus unterschiedlichen Richtungen mit einigen der großen Friedensschlüsse des 20. Jahrhunderts befaßt. Vor allem haben sie die Gespräche und Verhandlungen studiert und sich deren Protagonisten genau angeschaut:
Beispielsweise Nelsen Mandelas und Frederik Willem de Klerks Vitae und Gesprächsbegegnungen, die Anfang der 1990er Jahre

zu einem Modell des Zusammenlebens verschiedener Ethnien und zur Aufhebung der Apartheit führten – wie ging das vor sich? Welche Voraussetzungen, welche Eigenschaften waren hierzu auf den beiden Seiten der vorherigen Trennung und Bekämpfung wesentlich? Und welche Besonderheiten in Persönlichkeit und Biographie erlaubten es Bundeskanzlerin Angela Merkel, in der große Migrationsturbulenz um 2015 für einen friedlichen Ausgleich nationaler und ethischer Positionen zu sorgen? Was ermöglicht es dem Chef einer einflußreichen und geschichtsträchtigen Adelsfamilie in den 2000er Jahren, deren historische Verstrickungen zu formulieren und entgegen Familieninteressen einen offenen Umgang mit Schuld zu fordern und eine Aussöhnung einzuleiten?
In der Analyse der Begegnungen, Gespräche und Portraits machen Czwalina und Callori das ersichtlich und nachvollziehbar. In ihren zusammenfassenden Essays reflektieren sie ihre Erkenntnisse und formulieren die Kerne ausgleichenden Kommunizierens.
Sie arbeiten heraus, worauf es bei der professionellen Rekrutierung von Führungskräften im diplomatischen wie im NGO-Bereich ankommt. Durch ihre praktischen Anleitungen ist der Band zugleich ein Muss für alle, die selbst in Konfliktlösungsthemen aktiv werden möchten und sich nach ihrer persönlichen Eignung hierfür fragen.
200 Seiten im Hardcover zu 26,00 Euro

Viele weitere akademische sowie Fach- und Sachtitel unter

www.frankfurt-academic-press.de